BLUE PLANET II

A New World of Hidden Depths

重返藍色星球

發現海洋新世界

詹姆斯·杭尼波恩
馬克·布朗勞 著

傳奇製作人 大衛·艾登堡 序言

林潔盈 譯

黃興倬 審訂

JAMES HONFYBORNE
and MARK BROWNLOW

Foreword by DAVID ATTENBOROUGH

BBC

這一片海

海洋文學作家　廖鴻基

　　生長於花蓮，生活環境一邊山、一邊海，地緣關係吧，記憶中，從小就常在海邊活動。海邊看日出、看膠筏從大海帶回繽紛魚蝦，這些海岸經驗，讓我年輕時就清楚明白，不只是海面上的風景，海洋更精采豐厚的美，都蘊藏在我們眼睛看不透的水面底下。

　　記得年輕時有個傍晚，我獨自走在浪緣，一襲捲浪洶洶湧來如一座小丘在我面前崩潰，白沫碎浪快速撲上灘坡，我跳腳躁退了好幾步，還是被浪襲沖濕了鞋子和褲管。錯愕看著碎浪夥著卵礫嘩啦退去，更讓我恍然的是，迎著晚霞，我的腳邊竟圍著紛紛點點一群銀亮翻躍。不是水珠子反照霞光，不是暈眩出現的金星，是一群小魚隨湧浪衝上灘坡擱淺在我腳邊翻跳。這一幕讓我完全忘了被浪偷襲而打濕鞋子的尷尬。

　　有次破曉時分來到海邊，這天風平浪靜，岸緣捲浪從習常的獅吼變為小貓喵喵，姍姍緩緩，太平洋難得沒有情緒的片刻。這時我看見一片尾鰭雄挺近岸切出海面，毫無警覺的在我眼眶裡款擺優游。

　　無論那群傍晚衝上岸來的小魚，或

這條破曉優游岸緣的大魚，這兩次經驗都讓我情緒激昂亢奮許久。我曉得，海洋的神祕和魅力全繫於這些讓人驚奇、驚豔的蓬勃生命。

我這輩子持續與海的接觸、探索和對話，幾乎都根基於對繽紛海洋生物的好奇和欲求。年輕時長時走海岸，每段裸露的潮間帶，每個潮池，都吸引我停下腳步，仔細觀察所有隱身在縫隙孔竅中的魚蝦蟹貝海參海膽珊瑚水螅和海藻，這些因潮水退去而裸露在我眼裡的海洋生物，總讓我無比欣喜。越是遭遇豐富的海濱生命，越是激盪我心靈與生命的無窮活力。

後來因漁村計畫，訪問了多位上了年紀已退休的老漁夫，他們告別搖晃不定的甲板，從一輩子採捕的海域回到陸地，我以為他們的退休生活應該是含飴弄孫好好享受穩固的家居生活。然而我發現，他們除了天天散步到漁港看漁獲，最常做的事就是打開電視看動物頻道，特別是以海洋動物為主題的節目。扣除漁撈生涯回味的成分，我想，他們對海、對海洋生物仍然充滿好奇。

海洋夠寬，夠深，夠我們一輩子航不盡大海的每個角落，夠我們一輩子無論如何探索也無法透徹了解大海的深沉內涵。海洋生物延伸我們陸生動物的眼

界，延伸我們向海探求的渴望。

近二十年來，隨著海洋科學探索層面的廣延和深入，加上拍攝器材與技術的精進，不少海洋影集精采問世。特別是英國BBC廣播公司製作的世界海洋系列專集，自二〇〇一年推出的《藍色星球》系列，以及二〇一七年播映的《藍色星球二》均廣獲佳評。《重返藍色星球：發現海洋新世界》這本書，就是《藍色星球二》問世後，由影集製作人親自編撰的書籍版。

這是一群海洋科學家和攝影師，以一流的設備和技術，於全球數百個海洋重點長期駐點觀察拍攝所累積的成果。書中以精采圖文介紹遍及全球各經緯的海面上下不同海域所呈現的海洋精髓，每張圖、每字句所描繪的見識都無比專業、無比珍貴。

記得我第一次戴蛙鏡在珊瑚礁區浮潛，上岸後我在筆記本上寫下：這根本是另一位造物者與陸地造物者競爭媲美所創造的另一片有別於陸地的美麗世界。當我的海洋經驗因探索的想望而延伸到離岸更遠或潛入更深，我曉得，無論如何個人能力究竟有限，每趟海洋行動所能見識的，都遠不及《重返藍色星球》這本書中描繪的某個節點。

當我學會開船，年輕時常獨自在海上釣魚，有一次遇到四、五隻一群不曾見過的海豚游過船邊，我即刻放下釣竿，驅船尾隨，想看清楚他們是誰。海洋是他們家園，他們可深可淺，我只能踩在甲板，而船隻只能浮在海面。不過跟了約十分鐘，他們輕易擺脫了我的糾纏，消失無蹤。上岸後，以我觀察的記憶請教過許多人，至今仍無法確定那趟遭遇的是哪種鯨豚。

有一次，我的小船被一群海豚圍住，他們群體近距離船邊競賽似的紛紛躍出海面。當他們離開船邊大約是半個鐘頭以後的事，這期間，我一直站在甲板觀看，我的心情隨他們群體躍上躍下，我曉得，陸地上不會有這樣的風景，不會有如此寬敞的舞台，也不可能一次出現這麼多舞者同台演出。

好幾次遇到船邊水滾開了般，四處海面一坨坨白沫水花湧滾。平息心情激動看清楚才明白狀況，原來是無數小魚群遭受水下獵者圍攻，整群被驅趕到水表，無處可逃，只好拼命往上層層疊沓，掙求一絲生機。

海洋讓我們有限的陸地生命有了走出去的嚮往和憧憬，藉由魚、藉由鯨豚以及各種海洋生物，藉他們的眼，帶我們優游於廣浩的海洋世界裡。這本書就是那條魚那隻鯨豚那些海洋生物，一頁頁開啟我們的海洋視野，奔放我們因陸地社會的侷促而變得僵滯的心情。

《重返藍色星球》介紹了許多海洋生物行為的新發現，有個篇章提到偽虎鯨和瓶鼻海豚的混群。其實我們東部沿海，常見鯨豚混群現象，應該都是有待我們進一步解謎的珍貴海洋研究資產。

書中提及地球暖化及海水酸化帶來的嚴重海洋環境衝擊，看似悲觀無望，但書中最後舉兩則生態保護區從絕望而至生機復甦的故事，對台灣幾近枯竭的沿海生態將是多麼重要的啟發。

海洋願意給我們一些機會，當我們願意透過理解來為她做點甚麼，《重返藍色星球》這本書，也許就是一座橋梁，讓我們走過這座橋梁，進一步認識海，也學習以尊重的態度與海和平相處。

重溫凝結的海洋吐納

國立自然科學博物館 助理研究員
中華民國水中攝影協會理事長 黃興倬

接到好讀出版的編輯來電，邀請我為這本BBC《藍色星球二》影集書寫推薦序的當下，我正在為即將出發的潛旅行程大傷腦筋。我準備到印尼Raja Ampat為博物館拍攝海洋生態影片，卻苦惱著行李箱空間與托運的重量限制，不知要如何將大大小小的水下裝備與配件打包。而當我回過神來，已經身在十萬英尺的高空，茫然地看著筆電螢幕上的書稿，我開始思索BBC當局出版這本影集書的用意。

後續幾天，緊湊的潛水拍攝工作佔滿了大多數的時間。Raja Ampat水下的壯麗景色果然不負期待，這裡的海洋生態受當地政府與民眾的細心呵護，讓每次下水都有「一期一會」的感動，令人讚嘆熱帶珊瑚礁的豐饒之美。這時，讀過的書稿中那些攝影師和海洋生物學者的話語，偶爾會快閃躍入腦海，像影集的旁白一樣，加強了眼前景觀的視覺效果。我那善於多工作業的大腦，正在將我雙眼所視的景象，自動剪輯成一齣齣媲美《藍色星球二》的影集。而我大腦中的資料庫，也會主動將視線所及的海

洋生物，標示出學名與相關資訊；若是看到陌生的生物，則會賦予特別注意，加強在腦海的銘刻，做為日後查閱之參考。

驀然發現，在那當下，我也和那些BBC的拍攝工作人員（他們當中很多也是相關領域的海洋生物學家）一樣，在海洋這個對人類不算太友善的自然環境裡，透過當代科技，記錄敘述生命與自然之美，並讓無緣親晤此地此刻的人，也有機會獲得如臨現場的視聽感受。

離開天清海明的 Raja Ampat，回到潮濕炎熱的台灣，親臨現場的體內腎上腺素風暴逐漸退潮。夜深人靜的時候，

從不算大的桌上型電腦螢幕仔細檢視硬碟裡每一段影片、每一張照片，腦海中的回憶又不斷被鮮活的影像激起；不過，興奮程度遠遜於親眼目睹的當下，反而更多了一份批判影像品質的冷靜。

但是！電腦螢幕下一秒的畫面，卻意外引發了一波腎上腺素小噴發。一隻原尺寸不到〇‧五公分、攀住珊瑚分枝搖搖晃晃，孵化大概沒幾天的小烏賊，在螢幕裡被放大到跟牠的親戚——當天我家晚餐的三杯中卷——差不多大。畫面中牠正好逮住了一隻跟牠體型相當、攀在珊瑚上的鎧甲蝦，一對螯腳露在外面，步足大概還死命緊抓著珊瑚不放。

初出茅廬的年輕獵人暗夜出擊，卻碰上要跟獵物拔河比耐力的場面。當時我兩眼昏花，沒有看清到底發生什麼事，草草拍了幾張照片就離開找尋下一個拍攝對象，卻在一星期之後、千里之外的電腦螢幕前捶胸頓足。

類似這種例子不是唯一，精采的自然生態攝影作品中的明星，往往都是驚鴻一瞥，要不就是在不經意間亂入的角色。很多自然界令人驚異的發現與新知，也是這樣才有緣公諸於世。

如果沒有日新月異的數位攝影科技，這些大自然生存舞台每天上映的戲碼，或許就不會被注意；而少了能將現象轉述、詮釋的人，這些數位檔案也不過就是索然無味的影像而已。

長久以來，BBC 就以製作許多經典、膾炙人口的自然生態記錄片聞名，再加上有個魅力十足、善於說故事的主持人——艾登堡爵士，使得他們的影集一直都是世界自然生態記錄片領域的翹楚。這次《藍色星球二》影集是承續十六年前的《藍色星球》。那時的水下影片拍攝，必須將膠卷攝影機裝入笨重無比的防水殼，而且都是由潛水人手持操作，其辛苦可想而知。而二〇一七的《藍色星球二》，完全使用當今最先進的數位攝影器材，並大量利用空拍無人機與載人深海潛艇取景拍攝。從閃耀著粼粼波光的海岸高潮線地帶，到冰冷高壓暗無天日的深海海底；從繽紛多彩的大堡礁，到寒風刺骨的極地海洋，許多人們熟悉或不熟悉的海洋生物，活生生地出現在螢幕中。配上艾登堡爺爺深入淺出、極富魅力的解說旁白，講述一個個即使在學術界也是新知的海洋生態案例。透過螢幕，觀眾彷彿也能感受到海洋時而平緩、時而狂暴的深沉吐納。

生動的影音，產生的視覺效果是即時的。

靜止凝結的照片與文字，卻能讓人沉思、品味良久。

這本《重返藍色星球》，或許就是在這種想法中誕生出來的吧。將影集的製作過程、影片擷取的畫面匯集成冊，配上精簡的解說文字，與影集搭配服用。讀者在情緒沉澱以後，翻閱這本凝結了動態影片的書籍，便可以反覆回味影集餘韻，並反思它要傳達給全世界人們的重要訊息：

「地球只有一個，而海洋是其命脈之所繫。」

目次

序言

大衛・艾登堡

　　我第一次看到潛水人用攝影機撞上鯊魚的鼻尖，是一九五六年的事。我在剪接工作室裡忙著，隔壁間有位剪接師突然很興奮地衝了進來，要我過去看個特別的東西。我去了隔壁，在剪接機閃爍的螢幕裡看到一隻大鯊魚的影像。他按了個按鈕，鯊魚便活了過來，游向攝影機。我清楚看到鯊魚口中一排排白色的三角形牙齒。那隻鯊魚越游越近，直到牠的頭充滿螢幕，攝影機失焦晃動，灰色側腹在螢幕裡閃了一下，畫面就中斷了。

　　這段影片攝於紅海，出自維也納青年生物學家漢斯・哈斯（Hans Hass）之手。他是潛水運動的先驅，當時因為空氣需求閥的發明，這項運動得以成真，並漸漸流行起來。法國海軍軍官雅克・庫斯托（Jacques Cousteau）於第二次世界大戰期間發明了空氣需求閥，它讓泳客能從揹在背上的氣瓶裡呼吸壓縮空氣。有了這個裝備，加上面罩與蛙鞋，任何身體健康的人都可以進入潛水這個嶄新世界。

■ 漫長的等待（下）
水底攝影師丹尼爾・畢勤（Daniel Beecham）在南非梅杜姆比附近惡名昭彰的「荒野海岸」外，尋找印太瓶鼻海豚的蹤跡。

■ **準備拍特寫**（上）

在佛羅里達州大西洋沿岸,攝影師加文‧瑟爾斯頓（Gavin Thurston）與大衛‧艾登堡爵士乘著船,正準備拍攝下一個鏡頭。

漢斯‧哈斯的特殊貢獻,在於他替攝影機打造了一種防水外殼,好讓他能帶著潛水,替所有人記錄這個新世界。這種防水外殼龐大又笨重,是個有防水密封蓋的金屬盒,前端鑲著緊貼攝影機鏡頭的玻璃板。盒子外面有啟動和停止的按鈕,以及用金屬線做成的矩形取景器。攝影機用的是一百英尺膠卷底片,因此哈斯每次只能拍攝兩分四十秒的影片,就得回到水面,打開蓋子,重新填裝膠卷。整個過程很容易就耗上一個小時,假使他在深一點的地方拍攝,還得花時間減壓才能浮上水面,總共需要的時間又會更多。儘管要解決的問題並不少,哈斯還是著手拍攝了一系列新影片。他受英國廣播公司（BBC）委託,製作了第一部水下拍攝的系列影片。這部影片在電視上播出時,造成了極大的轟動——既讓人興奮不已,又具啟示性,而且美得令人驚嘆。

那之後的六十年間,發生了很大的變化。水下攝影機的體積越來越小,演變至今,數位影片取代了膠卷,每次能夠記錄好幾小時的影片。此外,數位攝影機的感光性非常優秀,能夠在陽光無法抵達的海底拍攝,唯一光源只有魚類和其他深海生物在黑暗中活動時製造的光線。簡言之,大海之中再也沒有人類

無法探索的區域。因此，在千禧年快結束之際，BBC自然歷史部門（Natural History Unit）開始了一個名為《藍色星球》的影集拍攝。

　　無論從獲得獎項或觀眾反應來看，《藍色星球》的成功均無庸置疑。然而，要以一部系列影片來完全涵蓋海底世界，是不可能的。現在的我們，已經可以把攝影機帶到海底任何角落，又該怎麼以更鉅細靡遺、更具啟發性的方式來處理這些故事呢？怎麼樣才稱得上新故事？加拉巴哥群島的漁民注意到，海獅會成群結隊，散布在數百公尺範圍的大海中，合力將鮪魚趕入封閉的海灣。我們可以用空拍機來展現這故事。新進研究發現，珊瑚群落裡有著奇特生物形成的複雜群聚，因此攝影團隊採用了專為近距離拍攝昆蟲而研發的鏡頭，加以改裝後運用在水下攝影。我們要怎樣才跟得上虎鯨的高速追逐呢？答案是利用吸盤將微型攝影機黏在虎鯨側腹。低光攝影機讓我們能夠在夜間的非洲大草原上，觀察獅子獵食的情景；而這種攝影機現在也運用在水下攝影，讓我們得以觀察聚集在墨西哥沿岸的魟魚群，隨著牠們拍打三角形側鰭，在背後留下一道道浮游生物閃閃發光的軌跡，展現令人驚豔的水下芭蕾。

　　水底攝影自第一隻鯊魚的鼻尖撞上攝影機以後，已有了長足改變。現在，讓我們一起踏入《重返藍色星球》的世界，為這超乎想像的世界發出驚嘆。

■ **徜徉大海上**（右）
佛羅里達州東岸，快速支援艇安布拉號上的大衛・艾登堡爵士。

第一章

同一片大海

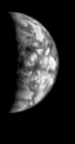

從美國太空總署（NASA）的火星勘測軌道衛星看來，我們的藍色星球就像一塊浮在太空、色彩斑駁的大理石。藍色是它之所以獨一無二的原因——表示有水，而且是大量的水。其他行星及其衛星可能也藏有看不見的水，然而我們的地球卻有大量的液態水存於地表。沒有人能確知這些水到底從何而來。水可能是地球形成時從岩石釋出，源自四十五億年前形成太陽系行星的星周塵盤；也可能是小行星與彗星挾帶而來。無論到底來自何處，大部分的水都留了下來，這是因為地球位於「適居帶」：天氣不會過熱也不會過冷，與太陽的距離恰到好處，地表水不會凍結，也不會因沸騰而佚失於太空。

現今，地表約有百分之七十一的面積為水覆蓋，地球上的自由水（free water）有百分之九十六・五四是海水，而其中還有百分之九十五的海洋未經探索。箇中原因並不難理解，畢竟海洋是最難以接近，也是研究花費最高的地方。儘管如此，物流和財務所形成的絆腳石，並沒有阻擋人類的步伐。近年來，科學家憑藉著獨創力、潛心研究，以及海洋科技與工程方面的發展，得以用前所未有的方式來探索海洋；然而諷刺的是，我們之所以會警覺到海洋在維護地球健康所扮演的關鍵角色，並非因為水底探勘，而是探索外太空。

雖然人類自古就在研究海洋，卻一直要到我們把衛星送上地球軌道，回頭看了我們的星球，才開始意識到海洋對地球健康的重要性。海洋是地球的生命維持系統。它們幫助調節空氣中的氧氣與二氧化碳含量，並影響地球的天氣與氣候，進而替我們帶來飲用水、提供足量的食物，而且它們可說是人類存在的根本原因：海洋很有可能是地球生命的起源。

南非地區的超類群

人類自古以來就受大海吸引，也因為海洋的力量而感到渺小，儘管如此，從前的人類對海面下的世界並不了解，這個情形一直到近年才開始改變。其中一個原因，是一項叫做海洋生物普查計畫（Census of Marine Life）的國際合作創舉。該計畫可說是海洋研究的一大盛事，它著手記錄海洋中有多少種動物、牠們在哪裡生活、以及牠們面臨的威脅各是什麼。這項計畫的研究成果相當驚人：發現的海洋新物種超過六千種，也揭露了讓人驚奇興奮的遷徙與其他行為，而且後續追蹤工作仍在持續進行。科學家每天都有新發現，例如數量異常龐大的大翅鯨突然出現在南非西南沿海覓食。

研究人員於二〇一一年第一次發現這些超類群（super-group），牠們在隨後幾年內也一而再、再而三地出現。這段影片出現在〈綠色海洋〉一集，每次鯨群的數量可達兩百隻之多，全都集中在一小片海域裡；而且讓人驚訝的是，這裡的鯨群只在夏季出現。南半球的鯨魚通常在夏季前往南極地區，以夏季大量出現的南極磷蝦為食；在南非西南沿海的這群大翅鯨，則受惠於營養豐富的本格拉洋流南段，以一種體型較小的磷蝦為食，或是其他端足類和蝦蛄。

大翅鯨為何聚集此地，以及數量為何如此龐大，原因目前都只能推測，不過研究這些鯨群的科學家認為，這種情形在二十世紀捕鯨業導致大翅鯨數量下降到五千隻以前，應該更常發生。一九六六年以後，大翅鯨的商業獵捕受到禁止，族群數量因此緩慢恢復。

這種集結行為的原因之一，或許在於大翅鯨的族群數量已經達到臨界點，讓牠們開始恢復捕鯨業出現之前的行為。另一個解釋，是牠們可能因為這個豐富生態系含有大量餌食而發生相對應的行為改變，或是因為族群數量上升造成對南極地區食物資源的激烈競爭，而被迫尋找新的覓食機會。目前，科學家正在規劃追蹤這些鯨魚，以了解這些大翅鯨為什麼改變了牠們的年度遷徙路徑。

■ **大翅鯨群**（右）
數量龐大的大翅鯨在南非沿海一起覓食。

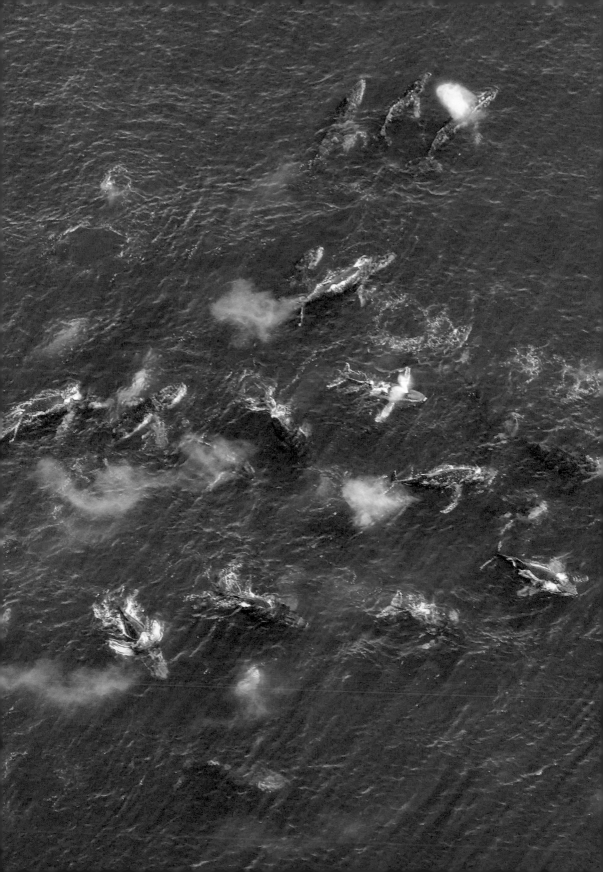

手牽手

南非的鯨魚之謎是《藍色星球》影集在將近二十年前播放以後，才出現的許多新發現之一。現在，《藍色星球二》以探索全球海洋為宗旨，製作團隊尋找並拍攝了地球上最致命、最聰明，也最有魅力的海洋生物。

製作團隊進行了一百二十五次探勘，在海上耗費一千五百天，其中有超過一千小時是在深海之中度過。他們的足跡遍及世界上各個海洋，在各種不同深度進行拍攝，造訪了珊瑚礁、海岸、海底森林、海底草原、深海，與開闊的大洋區。他們甚至也對科學知識的累積做出貢獻。新的錄製技術，例如直接附著在動物身上的微型攝影機，能從動物的角度來觀察其行為；無人機也能以更開闊的視野觀察海面事件；「循環呼吸器」（re-breather）的使用，讓呼吸裝備所製造的氣泡變少，使得團隊成員一次

下水最多能停留五小時，因此能在不造成干擾的情形下近距離記錄複雜的動物行為。

這些技術都讓製作團隊對持續進行的研究工作直接做出貢獻，他們的工作成果也出現在新發表的科學論文裡。這也就是說，《藍色星球二》裡出現的許多故事，對科學界來說都是新知，而且也是第一次攝製並在電視上播放。舉例來說，澳洲大堡礁的蜥蜴島上有個很有趣的動物行為，不斷在島嶼周圍研究海洋生物的科學家眼底下發生，卻一直到最近才受到注意。該行為揭露了脊椎動物與無脊椎動物之間的一種驚人關係。

■ **準備潛水**（左）
《藍色星球二》攝影團隊使用的其中一架載人潛水器，正準備從母船阿路西亞號（Alucia）的船尾投放下海。

■ **特別的場記板**（次頁左上）
海洋生物學家亞歷山大·韋爾博士（Alex Vail）在大堡礁蜥蜴島海域，確保《藍色星球二》的珊瑚礁明星沒有跑錯棚。

■ **深海潛艇**（次頁右上）
載著影片製作人的載人潛水器正在探索黑暗的深海地區。

■ **小丑魚特寫**（次頁下）
水下攝影師羅傑·穆恩斯（Roger Munns）運用水底觀測鏡系統，拍攝麻布島（馬來西亞沙巴東南方）小丑魚家族的特寫。

意想不到的結盟

花斑刺鰓鮨（七星斑）是石斑家族中外表乖戾的一員，照片中牠似乎與一隻甫從巢穴出來的章魚正面對上了。身體柔軟的章魚一到開放空間就變得相當脆弱，不過七星斑主要以魚類為食，章魚似乎沒有受到干擾。這隻石斑看起來對藏在軸孔珊瑚下的小魚或甲殼類比較感興趣，不過牠的體型太大，抓不到牠們。牠慢慢來回游動，然後調整身體位置，讓頭部指向目標物躲藏的縫隙；來回搖晃著頭，刻意指著牠的潛在獵物。此時，章魚有了回應，那又軟又靈活的腕足探入七星斑無法進入的裂縫中，把獵物趕出來，加以捕捉。

「我第一次看到七星斑和章魚合作捕獵時，簡直是目瞪口呆。」亞歷山大·韋爾在蜥蜴島研究站回想。韋爾一直在研究石斑魚和其他物種之間的合作關係，牠們的合作對象包括章魚、裸胸鯙與大型隆頭魚。他發現，有時候抓到獵物的是章魚，有時則是石斑，不過合作捕獵的成果總比單打獨鬥更好。

這是讓人相當驚訝的行為，無論是章魚或石斑，必然都要經過學習。章魚以智力聞名，不過大部分魚類並不怎麼聰明。然而，這種石斑魚卻學會用頭指著獵物。牠用一種稱為「倒立信號」的

■ 通力合作（下）
蜥蜴島海域的七星斑盯著隱藏在隙縫裡的獵物，一旁的章魚游過去將獵物趕出來。

■ **魚類好朋友**（上）
蠕線鰓棘鱸和裸胸鯙組成隊伍。裸胸鯙的身體又細又長，能夠探入隊友無法進入的珊瑚礁縫隙。

姿勢來溝通，跨越了脊椎動物與無脊椎動物之間的鴻溝，鼓勵另一個物種協助牠狩獵。一直以來，這種用動作示意的行為多與猿猴和鴉科鳥類（如渡鴉）有關，不過現在我們也知道有幾種石斑會有這種「瞄準」的動作。

舉例來說，在紅海一帶，蠕線鰓棘鱸會與爪哇裸胸鯙合作，不過並非每隻裸胸鯙都有意願，因此蠕線鰓棘鱸必須學會牠可以向誰尋求協助，以後便可以一次又一次地回去找這幾隻裸胸鯙幫忙。

相較於靈長類，魚類的腦容量佔身體比例較小，因此，科學家面臨的重要問題，在於這些魚怎麼能用如此有限的智力來完成這些複雜的任務。然而，儘管這些動物確實會合作，一般認為牠們的行為是受到個體利益所驅動，合作能幫助牠們在競爭激烈的熱帶珊瑚礁獲得優勢。即便如此，我們可能還是得重新評估我們對某些海洋生物的看法。「我想，大部分人認為魚類並不太會思考，」韋爾表示，「不過魚類真的會思考。」

七星斑和章魚讓我們對熱帶珊瑚礁等特定棲地的海洋生物相互依存關係有了新認識，不過另一個「第一次上電視」的故事，探討的則是海面上與海面下兩個不同世界之間的關聯性。這故事發生在十月的一個印度洋小島上，就和石斑與章魚的故事一樣，也許多年來一直受到忽視，直到現在才被發現。

大魚飛彈

在塞席爾群島的一個小島上，每年八月到九月間，都會有約莫四十萬對烏領燕鷗到此築巢。牠們之所以選擇此地，是因為這裡地處偏遠，讓牠們能免於陸地掠食者的侵擾，而且珊瑚島周圍的潟湖與淺海還有豐富的食物資源。烏領燕鷗會潛入淺水區捕捉接近海面的小魚，牠們捕魚的一個方法，是尾隨較大的掠食性魚類，例如浪人鰺；大魚將小魚群朝海面趕，小魚急於逃離浪人鰺之口，卻被俯衝入水的烏領燕鷗抓了去。

每到十月，當親鳥疲於餵養幼鳥，而且急速增長的壁蝨族群多到無法忍受時，幼鳥就會離巢並開始自行覓食。牠們搖搖擺擺拍著翅膀飛上天，這個時節的風可能很大，因此有些幼鳥無法讓自己保持在半空中。此時，牠們會迫降海面。這真是天大的錯誤。砰！不知從哪兒冒出來一隻大魚，捉住剛會飛的小鳥往水底下拖。那是一隻浪人鰺，牠扭轉了局面，原本是鳥抓魚，這會兒倒過來成了魚抓鳥。

浪人鰺最多可以長到一百七十公分，可說是魚類中的巨人。牠們是鰺科魚類中體型最大者，有著又大又可以展開的領部。塞席爾群島這些浪人鰺的行為，讓人想起法國軍艦環礁（位於夏威夷州）的鼬鯊，牠們也會捕捉剛學飛的黑背信天翁幼鳥。不過這些浪人鰺比鼬鯊技高一籌，因為牠們可以在半空中捉鳥。然而，拍攝這幾段影片，竟是《藍色星球二》影集製作人邁爾斯‧巴頓（Miles Barton）的大膽嘗試。

「這是我拍攝影片二十五年以來，第一次著手拍攝這麼個罕為人知的事件。我們獲知，朋友的朋友的朋友曾經看過浪人鰺從海裡一躍而出，便著手追查消息來源，找到了一群漁夫，他們專門在這片偏遠環礁上捕獵這些易怒好鬥的掠食性魚類；像這樣只靠傳聞就派了一個攝影團隊飛過大半個地球，的確是冒了相當大的風險。儘管如此，等我們抵達當地，發現這片海域到處都有浪人鰺跳來跳去的時候，著實是鬆了一口氣。不過浪人鰺捉鳥的動作實在太快，又無法預測，攝影師泰德‧吉佛斯（Ted Giffords）根本就不可能把鏡頭對準正確的位置。

「幸運的是，當地的捕魚嚮導彼得‧金（Peter King）非常了解浪人鰺的行為，他帶我們到他每天用午餐的地點，那是個能夠俯瞰一整片海峽的海灘，每到漲潮，浪人鰺就會聚集在這片水域。如此一來，泰德就能清楚看到浪人鰺在水底下的輪廓，彼得能預測浪人鰺可能會從哪裡攻擊，我們也因此記錄到相當

■ **準備發射**（底圖）

巨大的浪人鰺正盯著頭上的燕鷗。浪人鰺是很聰明的魚，也會尾隨海豹與鯊魚，捕捉從牠們口中逃出來的獵物。

■ **起飛**（上）

巨大的浪人鰺躍到半空中，不過由於燕鷗精湛的飛行特技，浪人鰺沒能把燕鷗給拿下。

驚人的動物行為。」

　　浪人鰺有絕佳的視力與全景視覺，牠們會聚集在環礁潟湖側的清澈水域，可以清楚看到頭上源源不絕的鳥類剪影。當燕鷗低飛或在水面上盤旋的時候，浪人鰺就會從水底一躍而出，直接把燕鷗從半空中撞下來，或是用嘴巴咬住，再把鳥拖到水底吞食。

　　「浪人鰺在海面製造弓形波，從下方追蹤燕鷗。」邁爾斯可以清楚看到。「有時候燕鷗判定浪人鰺離海面太近，便不會再往下。然而，只要燕鷗俯身到離水面夠近的位置，浪人鰺就會讓自己像飛彈一樣從水中發射出去，把嘴巴張到足球般大小，一口將鳥吞下並往水底拉。看到一隻一公尺長的大魚從水面跑

出來，直接拿下一隻燕鷗成鳥，實在是戲劇性十足的場景。不過更讓人興奮的景象，是看到浪人鰺已經衝了出去，可是鳥兒卻能使出難以置信的飛行特技，在最後一刻驚險逃脫。」

　　「狩獵策略似乎取決於浪人鰺的體型大小，」研究員蘇菲・摩根（Sophie Morgan）表示，「體型越小的魚，跳躍時越是花樣百出，而且儘管活力十足，牠們失敗的次數還挺驚人的。我猜，體型較大的魚需要消耗更多能量才能把龐大的身軀推出水面，也許牠們也發現，將目標放在水面上或靠近水面的燕鷗，命中率會比較高。」

　　拍攝這種會突然躍出水面的浪人鰺，只讓邁爾斯和他的團隊完成上半

「幸運的是，當地的捕魚嚮導彼得・金非常了解浪人鰺的行為，他帶我們到他每天用午餐的地點，那是個能夠俯瞰一整片海峽的海灘，每到漲潮，浪人鰺就會聚集在這片水域。」——製作人 邁爾斯・巴頓

■ **島嶼天堂**（左）
塞席爾群島的潟湖，與烏領燕鷗群。

■ **捕捉精采瞬間**（上）
攝影師泰德・吉佛斯站在潟湖裡，等待浪人鰺躍出水面獵捕年輕的烏領燕鷗。

部的故事，因為他們也想要看看這些魚兒在水底下的行為，不過對水下攝影師丹・畢勤來說，這就不是個讓人舒服的拍攝任務了。

「體型巨大的浪人鰺通常對人類沒有什麼威脅，儘管如此，要下到牠們活動的水域裡，仍然讓人生畏。牠們體型真的很大，也是頜部非常有力的頂級掠

食者。」

團隊成員也看到了牠們的大嘴巴可以造成何種損害。

「這些大魚已經習慣漁夫將殘羹剩飯丟入海裡，任何會濺起水花的東西，都會引起牠們攻擊，」邁爾斯回想道，「因此每個人的動作都變得又慢又小心，這些魚兒會繞著我們游，讓我們有機會拍到牠們那鬥牛犬般的臉部特寫。有位嚮導不小心讓一罐飲料掉入水裡，魚兒立刻就咬了上去。飲料罐上的穿孔痕跡，提醒我們千萬不要踩錯地方！」

大洋上的意外驚喜

紐西蘭外海，偽虎鯨給觀察牠們的科學家帶來了另一個大驚喜。偽虎鯨其實是體型較大的海豚，牠們名聲很差（從命名可見一斑），因為牠們有時會騷擾其他鯨類。偽虎鯨群會攻擊其他體型較小的海豚，也曾有殺害大翅鯨幼鯨的記錄。即使是體型巨大的抹香鯨也無法倖免於難，偽虎鯨會不停地騷擾抹香鯨，直到抹香鯨把好不容易獵到、已經吃下的深海魷魚給反胃吐出來。因此，偽虎鯨群和瓶鼻海豚母子群的遭遇，可能會有爆炸性的結果。

這群瓶鼻海豚在紐西蘭北島附近，後方不遠處有一群偽虎鯨。體型較大的偽虎鯨原本分成兩個團體，在大洋分開活動了一段時間，不過現在牠們又重新集結成一股強大的力量，約有一百五十隻。

瓶鼻海豚喋喋不休地相互交流，母海豚以一系列喀嚓聲、哨聲，與鳴叫聲

■ **鳥瞰景觀**（左下）
　這些在紐西蘭北部海岸活動的鯨豚群移動迅速，研究團隊會利用直升機來追蹤。
■ **超級好朋友**（右）
　瓶鼻海豚與偽虎鯨會在海中集結，一同捕獵。瓶鼻海豚體長二至四公尺之間，偽虎鯨體長可達六公尺。牠們生活在全球溫帶與熱帶水域。

安撫幼豚，幼豚也會給予回應，不過偽虎鯨卻從三十公里遠處竊聽到母子海豚之間的親密對話，並鎖定目標對象。追兵加快速度，穩定地以十節*¹ 速度向前。兩群之間距離越來越近，一轉眼偽虎鯨群就追上了……然後，出現了一個相當非比尋常的景象。

偽虎鯨和瓶鼻海豚混在一起，如老友般地互相觸碰問候。更難以置信的是，瓶鼻海豚和紐西蘭外海的偽虎鯨群在一起時，似乎會調整牠們的叫聲，讓人不禁懷疑，牠們可能跨越了物種之間的界線，能夠相互溝通。

這些偽虎鯨與瓶鼻海豚似乎彼此認識，相互之間甚至可能形成了長期關係，而且，就在繞著彼此打轉的時候，牠們也開始組織起來，準備一起去狩獵。兩個物種混在一起，形成了好幾個較小的混種次團體，有如好友相聚；這些團體散布海洋，可以涵蓋好幾公里的範圍。

★1　航海速率單位，每小時一海里稱為一節。

「我注意到牠們非常聒噪，你的身體感受得到那種混響。牠們也不介意什麼私人空間。」
——水下攝影師 史蒂夫‧海瑟韋

　　牠們合作尋找大型魚群，這是牠們成功的策略。這種非比尋常的合作關係，讓牠們能把網撒得更遠，也就更能在魚群不均勻散布的大海中，有效尋找並捕捉獵物。由於魚群數量豐富，所以對牠們來說，競爭不成問題。此外，這種合作關係還能帶來另一個好處：能有更多雙眼睛和耳朵注意牠們的共同敵人——虎鯨與大白鯊。

　　獵捕活動結束後就是休息時間。偽虎鯨會形成緊密的休息組，瓶鼻海豚只能在外圍打轉。

　　「我注意到牠們非常聒噪，」水下攝影師史蒂夫‧海瑟韋（Steve Hathaway）回想，「你的身體感受得到那種混響。牠們也不介意什麼私人空間，聚集在一起的時候根本是摩肩擦踵，彼此之間幾乎沒有任何空隙。」

　　偽虎鯨是最少受到研究的鯨豚之一。牠們生活在大洋中較溫暖的水域，一天最多可以旅行兩百公里，不過有時候也會到靠近海岸的水域活動，例如這些紐西蘭群體。只要避免被捕魚裝置纏住，偽虎鯨可以活到六十歲以上。偽虎鯨並不常見，就算是在已知的出沒處亦然，而偽虎鯨和牠們的海豚好朋友之間如此不尋常的行為，讓科學家注意到了牠們。這是一種互惠互利的行為，還是一個物種在利用另一個物種呢？

　　「偽虎鯨是魅力十足的動物，」一直密切追蹤這些混合團體的研究員約亨‧札舍瑪（Jochen Zaeschmar）表示，「我很高興牠們終於得到了更廣泛的認識，這是牠們應得的。對我來說，試著完全了解兩物種之間的關係，是研究工作中最有趣的部分。」

大浪來了！

海豚喜歡衝浪，毫無疑問。曾有人在澳洲西部與南非適合衝浪的海域中，看過將近一百隻瓶鼻海豚在近岸處排成一直線，就像在等待下一個大浪的衝浪者。牠們乘風破浪，待海浪抵達岸邊、化為小碎浪時便抽身而去，回頭等待下個大浪。海豚為何衝浪一直是個謎，不過即使是理性十足且腳踏實地的科學家也不得不承認，海豚看起來單純就是在玩樂而已。

海豚衝浪的海浪源自遠洋，這些海

■ 飛天海豚（上）
瓶鼻海豚乘著大浪躍入半空中，表演空翻。
■ 會轉彎的海豚（次頁）
海豚會橫越浪面嬉遊，而不是順著海浪直接朝海灘去。

浪大多是風吹而成，不過山崩或地震也可能是海浪成因。風吹時，空氣分子與水分子相互摩擦，能量從風轉移到波浪上。風越強，浪越大，「風浪區」（fetch）越長（指風吹過的距離），累積在浪裡的能量就越高。至今，海氣象浮標在開放海域記錄到的最高浪高為十九公尺。這是在冰島與英國之間形成的一系列大

浪平均高度。這筆記錄出現於二〇一三年二月四日。

這些巨浪抵達岸邊時，可能會更讓人印象深刻。隨著海水被推往岸邊，波浪底部會沿著海床拖曳，造成上部的移動速度比下部快，因而波長縮短、浪高增加。當深度縮減，波浪底部的阻力增加，波峰向前傾斜、蜷曲，將空氣捲入水中形成白浪——也就是所謂的碎波。

大型碎波多發生在直接面對開闊大洋的海岸，這也是衝浪好手喜歡去的地方，例如葡萄牙納札雷，來自大西洋的奔騰海浪在此遇上海底峽谷，可以激出和辦公大樓一般高的大浪，高度直達三十公尺。納札雷是世界上最寬廣、也最危險的衝浪點，膽子不夠大千萬別去。如此滔天大浪打上懸崖，就像高速行進的汽車撞上一堵磚牆。撞擊的一瞬間，裂縫裡的小氣泡快速受到壓縮，觸發微型爆炸。這股力量足以刻蝕岩石、摧毀建築、讓人喪生。壞消息是，目前這類大浪的規模與力量似乎都有增長的趨勢。

魔鬼巨浪與黑洞

除了海洋生物行為的驚人發現，科學家也揭露了許許多多令人不安的海洋環境真相。海洋學家與氣候學家提出警告，他們的許多新發現都反映出這個世界正在迅速改變，而且不是好的改變。

地球正在暖化，一般相信這是化石燃料燃燒導致大氣中二氧化碳含量增加的後果，而地球溫度上升，也意味著海面溫度上升。科學家對它可能帶來的後果爭論不休。某些模型預測，熱帶風暴（颶風、颱風與氣旋）的強度會增加。舉例來說，佛羅里達州立大學的研究顯示，熱帶風暴的數量會下降，不過每個風暴都會比以往來得更強，持續時間也更長。與之相伴的，科學家認為海風風速與浪高都會普遍增加。

墨爾本斯威本理工大學的海洋學家研究一九八五至二〇〇八年的資料發現，澳洲西部外海的風速在過去二十年間增加了百分之十，目前，平日的極端波浪（extreme wave）浪高可達六公尺，與一九八五年的一公尺相較之下可謂顯著增加。世界上其他地區也有發現類似情形。

極端波浪是自然形成的海浪，也稱

■ **海上風暴**（左）
海洋豐收號漁船在北海風暴破浪而出。

■ **強力海浪**（下）
強風吹過長長的風浪區，形成破壞性巨浪，侵蝕著海岸線。

「瘋狗浪」（rogue wave）。有些瘋狗浪據傳可達三十公尺高，它們可能就是過去二十年間超過兩百艘超級油輪與貨櫃船失蹤的原因。伊麗莎白女王二號郵輪的船長曾以「遇上多弗的白色懸崖」來描述這些巨大的水牆；以往它們只是傳說一般，直到二〇〇四年歐洲太空總署的衛星在一個為期三週的研究中，於全球多處探測到十個高度估計超過二十五公尺的極端波浪，這才揭開了它們的神祕面紗。

沿著非洲南部海岸往西南流動的阿古拉斯洋流，就以瘋狗浪聞名。海洋學家發現，普通的海浪會在這裡遭遇大型渦流，能量因而累積，形成更大的瘋狗浪。

這些渦流被稱為阿古拉斯環，水流速度大約與人類行走的速度相同。它們規模強大，直徑可達一百五十公里，有些科學家把它們比作太空黑洞。一旦被困在這個巨大漩渦裡，就算是水也流不出去，而且受困時間可以持續一年以上。在南冰洋海域，這些環形渦流則是讓暖水遠離南極、往北流動的重要驅力，如此或多或少可以抵消全球暖化對該地區冰層與冰川的影響。全球海洋系統就好比是人體的循環系統，這些渦流也是其中一部分。

■ 挑戰巨浪
德國衝浪好手塞巴斯蒂安・史托伊特納（Sebastian Steudtner）於葡萄牙納札雷北灘挑戰巨浪。

同一片海洋

　　阿古拉斯洋流的阿古拉斯環，分布範圍從印度洋一直延伸到南大西洋。這點顯示了包括太平洋、大西洋、印度洋、北冰洋和南冰洋在內的世界五大洋，彼此並非孤立的水體。它們相互連接，形成「世界洋」這個單一水體。它會以熱能和動能的形式傳送能量，也會將固體、溶解物質與氣體等物運送到世界各地，這樣的運輸與循環系統一般稱為「海洋輸送帶」。

　　海洋學家曾深入研究位於北大西洋的其中一段輸送帶。在這個區域裡，屬於風成流的墨西哥灣暖流將熱帶的溫暖表面海水帶到北極。在格陵蘭外海，又乾又冷的強風從冰封地表往海面吹撫；這些冷風會造成海水蒸發，增加海水密度。高密度的冷水沉入深海，形成北大西洋深層海水，在深度一千五百公尺至四千公尺處往南流，最後與來自南極的類似洋流匯合，形成繞極深層水（Circumpolar Deep Water），流入印度洋與太平洋深海。

在部分海岸與海島周圍，風和地勢會造成營養豐富的海水從深海往上流到海面，形成所謂的「湧升流」；在其他海岸地區，地表水則沉到海底深處，形成「沉降流」。湧升流和沉降流對海洋生物都有深遠的影響，它們為食物鏈帶來能量，影響著動物的居處與遷徙。

當然，上面提到的這些其實都過於簡化了，不過它顯示出整個海洋，以及海洋的所有區域，無論深度、無論水平或垂直，都相互連接在一起。我們也可以清楚看到，隨著氣候改變，北冰洋愈

形溫暖的海水更不容易下沉，提供水源到北大西洋深層海水。如此一來，整個海洋輸送帶的速度會變緩，甚至完全停下來，可能對全球天氣與氣候帶來災難性的結果。

■ 跨洋旅行家（上）
稜皮龜會順著墨西哥灣暖流與北大西洋環流的其他洋流，往返於南美洲熱帶地區的海灘繁殖地和水母數量豐富的歐洲西北部溫帶海岸覓食地之間。

鯡魚大餐與不速之客

截至目前為止，海洋輸送帶仍在運轉中，墨西哥灣暖流、北大西洋漂流與挪威洋流等北向洋流帶來相對溫暖的海水，調節著歐洲西北部的氣候。在挪威的北極海岸，這些溫暖海水意味海面不會像同緯度其他海域一般凍結，而這個情形又導致另一系列非比尋常的事件。

鯡魚是這裡的關鍵物種。牠們是群居性動物，移動迅速，曾經數量龐大，因而成為商業捕魚的熱門目標，至今仍然如此。這個情形導致許多魚群都過度捕撈。例如一九七〇年代早期，大西洋東北部的鯡魚群就飽受衝擊，數量大幅減少，進而造成不列顛群島北海漁業崩潰。

在冰島與法羅群島海域，鯡魚幾乎完全消失，只剩下挪威外海有一小群會在春季產卵，而且這些通常會在深水區過冬的鯡魚，到冬天竟然不可思議地往沿海地區移動。挪威政府在這裡強制設立了專屬經濟海域，以保護僅存的魚群。鯡魚撈捕因此停止，牠們也從不可逆轉的損耗中獲得解救。現在，挪威峽灣地區的鯡魚群數量上升，而且在安斯峽灣一帶，牠們更是引來了一群又聰明、又強大的掠食者——虎鯨。

■ 清道夫（下）
挪威外海，虎鯨忙著捕捉從漁網漏出來的鯡魚。享用大餐的同時，牠們也面臨被漁網纏繞的危險。

鯡魚群緊緊聚在一起的時候比較容易捕捉，因此，虎鯨會彼此合作，把魚群包圍起來。牠們會先讓一小群鯡魚孤立，利用吹氣泡並展現白色腹部的方式，刺激魚群做出遇上危險時的群集反應，將鯡魚驅趕到海面。虎鯨的這種獵捕行為稱作「旋轉木馬獵食法」，牠們在獵捕過程中會不停地繞著魚群周邊游動，邊游邊叫。

白天時，鯡魚通常在深度一百五十至三百公尺的深水區活動，因此要把牠們往上驅趕並困於海面，最多可以耗上三小時的時間。不過，清晨的時候，鯡魚群通常會在深度較淺的區域活動，也較容易驅趕。等到魚群緊聚，虎鯨會用強而有力的尾鰭拍打魚群，藉此消耗牠們的體力。接下來，虎鯨會繞著魚群游動，將剛死或垂死的魚兒吃下。海面徒留整片魚鱗，銀光閃閃。

伊芙・喬戴恩（Eve Jourdain）從事虎鯨行為研究，是挪威虎鯨救援組織（Norwegian Orca Survey）首席調查員。她的研究運用了多種技術，包括與BBC合作開發的空拍機和專用攝影機標籤，每個標籤由一台高解析度攝影機和十四個感測器組成，藉著小吸盤附著在虎鯨身上。

「我們貼標籤時，」伊芙指出，「虎

■ **旋轉木馬獵食法**（下）
虎鯨會像牧羊犬驅趕羊群一樣，將鯡魚包圍起來。
■ **輕鬆過活**（次頁）
對虎鯨來說，跟隨漁船竊取部分漁獲，遠比按一般方法捕獵來得省力。

「雖然水溫非常低，約只有攝氏五度，我們還是選擇穿上厚厚的濕式防寒衣，而不是體積龐大且笨重的乾式防寒衣，如此才能快速在水裡移動。」
——攝影師 丹·畢勤

鯨幾乎沒什麼反應，似乎只是覺得背上有什麼東西而有些意外，不過這是最不具侵入性的作法，上好標籤以後，牠們身上甚至不會因此出現任何刮痕。」

　　空拍機揭露了虎鯨的攻擊模式，標籤上的攝影機則讓伊芙和她的研究團隊得以從虎鯨的角度了解水底下發生的事情。

　　「你真的可以觀察到團隊合作。每隻虎鯨各司其職，每一面都有虎鯨，牠們試著包圍魚群，控制魚群的方向。接著，牠們會衝向魚群，開始拍尾。每拍

■ **好冷啊！（上）**
水下攝影師大衛·雷徹特（David Reichert）在尾隨虎鯨拍攝時，得忍受冰冷的海水與惡劣的海相。

一次尾，最多可以殺死二十五隻鯡魚，然後所有虎鯨會一起分食這些死鯡魚。」

　　這是非常戲劇性的事件，不過製作人喬納森·史密斯（Jonathan Smith）也發現，在冬季裡毫無遮蔽的安斯峽灣入口處，無論是進行空拍、水下攝影、水面攝影或是利用虎鯨背上的攝影機，都是相當大的挑戰。

　　「我們有兩年的十一月待在那裡進

■ 北極風光（上）
嚴冬時節，挪威北部峽灣海岸並沒有結冰，因此虎鯨群可以游到靠近岸邊的水域尋找鯡魚群。

行拍攝，每天都到太陽下山以後才收工，另外還有三年的一月，太陽一露臉我們也隨著開工。那裡常常風雪不斷，海上風浪不小——天氣非常冷，而且我們每天只有四十分鐘可以拍攝虎鯨的獵食行為。

「我們觀察海鳥活動以尋找正確地點，不過我們確實也知道幾個虎鯨群經常出沒的熱點。從海面上很難搞清楚到底發生了什麼事，不過一下水，你就可以看到這些鯨魚非常組織有序，虎鯨身上的攝影機讓你身歷其境。你好像成了鯨群的一分子，可以看到牠們有條有理的行動。」

水下攝影師丹‧畢勤試著在水底跟拍。「雖然水溫非常低，約只有攝氏五度，我們還是選擇穿上厚厚的濕式防寒衣，而不是體積龐大且笨重的乾式防寒衣，如此才能快速在水裡移動。」

然而在拍攝期間，製作團隊卻發現了鯡魚群數量恢復之後另一個更讓人擔

憂的後果——商業捕魚活動重新開始。捕魚活動隨著鯡魚族群數量變多而增加，而且伊芙也注意到虎鯨行為發生了變化。

「牠們會等待較大的漁船下網，那就好像開飯的鈴聲，區域內的所有虎鯨都會聚集在周圍。漏網的鯡魚還不少，虎鯨在旁邊等著就是為了這個。虎鯨非常聰明，當牠們知道到頭來有人可以讓自己更輕鬆地吃到大餐，在白天就不會花太多力氣覓食……不過這樣的覓食方式是有風險的。」

實際情況果真如此，在製作團隊拍攝期間，悲劇就發生了。「漁夫要收網的時候，虎鯨群慌了，一隻年輕的虎鯨被困在漁網裡面。」伊芙發現了。「牠真的在掙扎求生，目睹這一切是很痛苦的。」

幸運的是，伊芙終究說服了漁夫，讓他們放下漁網。「我們不敢相信這隻虎鯨活下來了。我們以為牠會死掉，不過整件事最讓人印象深刻的，是同群中其他虎鯨的反應。牠們一直待在漁船周圍，直到那隻虎鯨成功脫逃。看著牠終於回到海中，真的讓人感到欣慰。」

虎鯨經常用聲音溝通。在進行旋轉木馬獵食期間，牠們會大聲呼叫彼此，那隻年輕的虎鯨被困住的時候，牠的家人也不停地呼喊。這樣的騷動不會被忽視，體型較大的其他種鯨魚也在聽著。大翅鯨和長鬚鯨早就知道這些雜音代表的意義，牠們會突然出現，魯莽地將虎鯨擋在一邊。這群不速之客張著大嘴，朝著密密麻麻的鯡魚群衝了過去，幾口就把虎鯨群好不容易到手的獵物給吞了。

「大翅鯨常常一來就是一整群，」喬納森回憶道，「五到十隻一起——這數量挺驚人的！」

大翅鯨的出現是相對近期的事情，最早在五、六年前由挪威科學家觀察到。牠們在巴倫支海的斯瓦巴群島附近覓食度夏，然後朝挪威海岸遷徙。秋末，牠們會在挪威峽灣停下享用鯡魚，當成最後一次補給，也可能會在這裡待到冬季，再繼續往繁殖地前去，最遠可到加勒比海一帶，單趟旅程約需三個月。然而，牠們回來時卻不一定能在同個地方找到虎鯨群，因為鯡魚似乎每二十年左右就會改變越冬地點。

■ **鯡魚晚餐**（右）
虎鯨群以尾鰭拍打聚集的鯡魚群以後，便會一隻隻地把已死和瀕死的鯡魚吃掉。

北極好媽媽

斯瓦巴群島位於挪威本土北方，每到夏季都會有豐富的海洋生物在此出沒。這個地區在夏季有著豐富的食物資源，大翅鯨、長鬚鯨、體型巨大的藍鯨，以及白鯨和好幾種海豹，都會到這裡覓食。數百萬計的海鳥如崖海鴉、小海雀、海鸚、刀嘴海雀、三趾鷗與暴雪鸌等，也會在懸崖邊組成季節性群體。然而，有些北極動物每到夏季就會處於劣勢，就會因為能夠用來捕獵或休息的海冰較冬季減少得多許多而處於劣勢。

海象必須拖著沉重的身軀上岸，成

■ **海象佔據的海灘**（下）
一群海象聚集在斯瓦巴群島的海灘。牠們大多為雄性，不過其中也夾雜著母海象和小海象。

群聚集在水邊，不過就像任何大型群聚一樣，牠們的氣味也引來了不速之客。北極熊和海象一樣，生活都倚賴海冰，那是牠們冬季獵捕海豹的地方。因此每到夏季海冰融化，牠們也會朝斯瓦巴群島的海灘移動。處於海象群聚下風處的北極熊，因為有著絕佳嗅覺，儘管和海象群的距離相當遠，還是很快就發現海象群的存在。當牠們拖著沉重腳步爬上海灘的時候，引起了不小的騷動。

北極熊在陸地上佔有優勢，因此海象會試著回到海中，逃離北極熊的魔掌。成年海象可以應付這種情況，牠們能擺脫北極熊的攻擊，身上厚重的脂肪層可以保護牠們不受尖牙利爪的傷害。不過牠們遇到攻擊還是會慌亂，尤其是雌海象，因為牠們的幼崽很脆弱，很容易被北極熊傷害，或是被陷入恐慌的成年同類壓扁。

這場衝突中，有隻海象媽媽試著引導牠的幼崽往海裡逃跑。牠們的游泳速度都比北極熊快，而且牠們離海灘也只有幾公尺距離。然而，一旦牠們下水，就不可能在北極熊還在的時候回到岸

上。牠們得爬到一塊浮冰上，不過由於氣候暖化，浮冰越來越少，而且浮冰之間的距離也越來越遠。

這裡的問題在於，斯瓦巴群島近年的區域海冰流失，無論就速度或面積而言都是歷來之最。二〇一六年，北極經歷了自有記錄以來最溫暖的夏天，許多事件綜合在一起的結果，就是溫度飆升。北極普遍變暖之際，南風從中緯度帶來暖空氣，加上太平洋地區出現極端的聖嬰現象（數十年來最嚴重的一次），全都造成北冰洋溫度上升，導致格陵蘭西側與東側海域的夏季海水溫度比一九八二至二〇一〇年的平均值還高出攝氏五度。

事實上，近年來北極地區升溫的速度約為地球其他地區的兩倍。這導致夏季殘存的海冰繼續變薄。一九八五年以前，北極地區有百分之四十五的區域有多年冰（multiyear sea ice）。將近一半的海冰不會在夏季融化，因此冰層會隨著時間慢慢變厚。現在，只有百分之二十二是厚實的多年冰，剩餘的都是首年冰（first year ice），而海象媽媽和海象幼崽需要的，是厚實的多年冰。

從附近冰川漂過來的一塊冰可以解決這個問題，不過冰上空間的競爭非常激烈，海象媽媽也不大樂意分享。這對海象母子花了些時間才找到一塊未被佔用的海冰，製作人喬納森‧史密斯和攝影師泰德‧吉佛斯尾隨跟拍這對母子，情感上很難不受到影響。

「你試著保持中立，不讓自己受到眼前的故事影響，不過等到這對母子終於爬上浮冰，幼崽依偎著媽媽的時候，我和泰德忍不住從螢幕上抬起頭來，兩人都鬆了一口氣。」

這對母子又帶給我們另一個驚喜。母海象用鬍鬚親吻著幼崽，讓牠放下心來。「這是我有幸看到最美也最溫情的一刻：這種通常被描繪得很可怕的

■ 保護欲極強的母海象（下）
遭受威脅時，母海象與脆弱的幼崽會下海尋求庇護。牠們游泳的速度比北極熊快，北極熊是海象的主要掠食者之一。

「這是我有幸看到最美也最溫情的一刻：這種通常被描繪得很可怕的動物，
表現出牠其實是整個動物界中最溫柔的母親。」——製作人 喬納森·史密斯

■ 燈光、攝影機、開拍！（上）
海中的海象對攝影團隊的出現感到好奇，而非
驚恐。

■ 沒空位了（次頁）
海冰上的位置已被佔據，使得海中的母海象與小
海象無法上岸。在愈形溫暖的北極地區，浮冰庇
護所變得非常稀少，也愈加珍貴。

動物，表現出牠其實是整個動物界中
最溫柔的母親。這種時刻總是讓人驚
奇。由於海象身上的脂肪太厚，無法
感受到觸摸，因此母海象會用非常敏
感的鬍鬚觸碰牠的幼崽——這動作確
實讓人感到十分溫暖。」

　　這隻幼海象至少還得依賴母海象生
活三年，而牠們都得依靠那塊海冰。沒
有那塊海冰，牠們就沒有安全的地方可
以上岸休息，而氣候變遷與海溫上升，
意味著夏季海冰可能已成了過去式。就
目前狀況來說，彼此相連的全球洋流仍
然運行無礙，扮演著地球維生系統的角
色，不過它還能運轉多久？北極野生動
物接下來要面臨極其嚴峻的挑戰，就如
你在本書後續章節會讀到的，全球海洋
生物都會面臨相同挑戰。

第二章

海岸

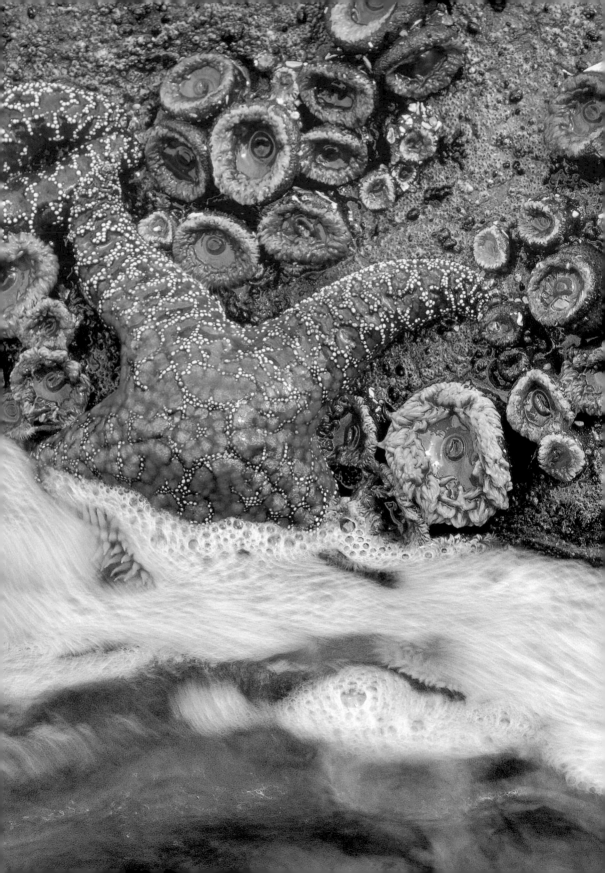

■ **兩個世界之間**（左）
　　北太平洋某個海岸的赭色海星，由於退潮而身
　　陷脫水變乾的危險。

■ **沖流與回流**（前頁）
　　波浪侵蝕海岸、打造海灘之際，海濱動物要不
　　是緊緊攀附著岩石，就是躲了起來。

　　海岸可以有很多樣貌，可以是岩岸、沙岸、卵石灘、
鹽沼、泥灘、河口灣、峽灣或海崖。不過無論是哪一種，
都有一個共同點：它們都是在極端之間不停變化的地方。
這裡的生物受到波浪沖擊、在太陽下曝曬、被冰雪冷凍，
也會淹沒在淡水之中。此外，溫度、鹽度和光強度都會出
現急劇的變動，也得持續面臨過熱、脫水或被沖走的危
險……而上面提到的這些，都發生在短短一天之內。

　　然後有了人類。越來越多證據顯示，人類最早就是沿
著海岸向世界各地遷徙，途中以海洋生物為食物來源。時
至今日，沿海水域有數不清的人類居住、生活，也有我們
的各種娛樂時尚活動，以及汙水排放與不知不覺的汙染蔓
延。隨著更多能量進入這個系統，上述狀況預計都會惡化。
再加上全球暖化與海溫上升，也預計將導致數量更多、威
力更強的風暴。這不但會破壞海岸的自然棲地，也會造成
人類居住地的損毀。

　　儘管如此，海洋生物仍然在海岸地區茁壯成長。海岸
是大海中生產力最高的區域，因此籌碼高，報酬也高，不
過這都是要付出代價的。海岸生物必須有能力在截然不同
的兩個世界裡生存。這是陸地與大海相接的地方，也是生
活最艱苦的地方。

入境

在白天這段時間裡，哥斯大黎加太平洋沿岸的近岸淺水區，冒出了一個個深色的圓形陰影。這些不是無生命的岩石，而是活生生的欖蠵龜。牠們動也不動地在海床上休息好幾個小時，甚至可能小睡一番，藉此保存精力，準備迎向接下來必須用盡力氣的大事件。

一到傍晚，海龜群就開始動了。牠們紛紛朝岸上游，看起來相互平行，小腦袋浮上水面呼一口氣，再沒入水中，每次五分鐘左右，彷彿正在為一個重大時刻做準備。接著，牠們似乎在某種未知信號的驅使下，從海裡浮了出來，原本在水中自在活動的身軀，一上岸就顯得非常彆扭，縛手縛腳。

一開始，只有二、三十隻海龜拖著笨重身軀從海浪中浮現，不過牠們的數量逐漸增加，直到整個海灘看起來就像是一個運轉中的灰色大圓石輸送帶。成千上萬的海龜會越過這片沙灘，而且整個晚上都會持續不斷出現，因為牠們不得不如此。海龜是非常古老的爬行動物，這些動物為了產卵，仍須回到陸地上，因此海龜媽媽必須要越過陸地與海洋的交界，離開海洋，在岸上精疲力竭地待上幾個小時。對牠們來說，這無疑是個巨大的挑戰，然而儘管艱辛，獲得

的回報是值得的。

時值雨季的一個黑夜，還有幾天就是下弦月，這些雌海龜來到這片黑色火山砂岸產卵。當地人將海龜這種集體上岸產卵的情形稱為「arribada」（入境），而這也可能是雌海龜一生經歷最痛苦的事件。笨重的身體平常有海水支撐，如今壓在包括肺部在內的內臟上，讓她痛苦異常。她邊喘邊咳，眼角滲出黏黏的淚液。

她聞著沙子的味道，待沙子達到正確的質地與濕度，便開始往下挖。她用鏟子般的後肢挖出一個淚珠狀的沙坑，接著在坑裡調整自己的位置，發出一聲巨大嘆息，從容不迫地慢慢產下一個個乒乓球大小的蛋，最多可以產下一百

■ **等待**（右）
欖蠵龜是在大洋生活的非群居動物。白天牠們會在近海等待，似是在為從海洋到陸地的過渡做準備。
■ **成群海龜集體產卵**（下、次頁）
數千隻雌欖蠵龜從海洋上岸，來到哥斯大黎加的沙灘產卵。

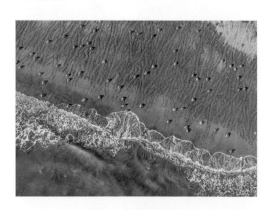

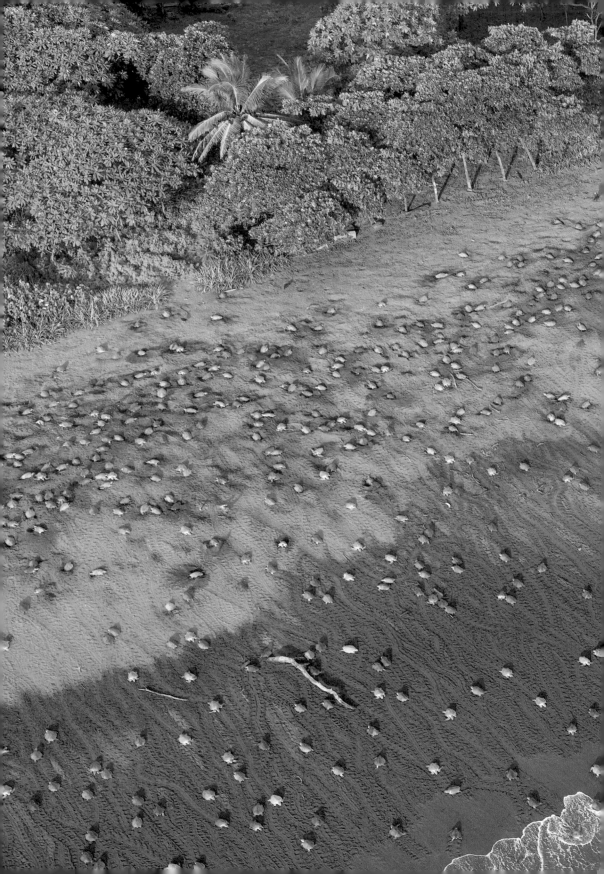

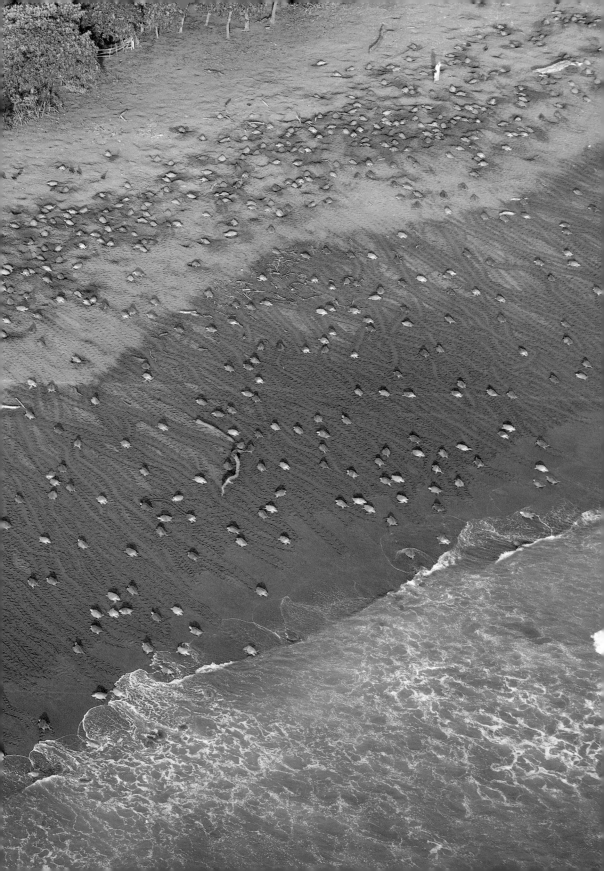

個。然後她運用蹼狀前肢，把蛋蓋起來，最後再用僅剩的力氣，拖著疲憊沉重的身軀回到大海懷抱。

若海灘上只有一隻雌海龜，她產下的蛋應該就能安然無恙，不受干擾，其中可能也有許多蛋會成功發育孵化。然而，她並非沒有同伴。實際情況是，數千隻母海龜同時在一片海灘上挖洞產卵，晚到者很容易會在不經意的情況下把早到者的蛋挖出來，偷蛋賊則在一旁等著，打算伺機而動。

打頭陣的是黑美洲鷲、林鸛和大尾擬八哥，牠們等的就是這一刻。這些鳥兒爭相靠近暴露的卵穴，有些龜卵甫產下，蛋殼甚至還沒來得及變硬，就已經被奪取爭食。有著長長的鼻尖和環紋長尾的長鼻浣熊，則會把海龜蛋挖出來。流浪狗和野放豬也會加入牠們的行列，在沙灘上到處亂翻，不過海龜產卵的數量之多，讓所有前來享用大餐的食客都能吃得飽飽的。海龜每次「arribada」都會橫跨好幾天的時間，成千上萬隻雌海龜登岸，越過滿潮線，產下數百萬顆的蛋。這種產卵爆量的情形，是一種「掠食超量」（predator swamping）適應法，也就是說，偷蛋賊不可能把所有的龜卵都吃光；而且夜間產卵也能降低巢捕食（nest predation）的風險，讓一些海龜寶寶能有機會成長。

等母親回到海中，就會各奔東西。相較於和成千上萬的同類一起擠在海灘上，欖蠵龜獨自在大海中活動的時候比較自在，不過在回到深水區之前，牠們還得先面對鯊魚群的攻擊，以及來自鄰近河口的美洲鱷。即使牠們平安穿過這兩道障礙，還要小心海裡的漁網。在過去，被拖網漁船的細目蝦網纏住的海龜不計其數，許多海龜因此溺死，數量大幅減少。現在，當地漁民必須依法使用具有海龜逃脫裝置（turtle-excluder device, TED）的漁網，讓海龜誤入漁網時能夠逃出。這表示，能加入下一回「arribada」行列的海龜，又多了一些。

■ **海灘上的輸送帶**（右）
晚來的海龜在早到者要離開時抵達，常常會把牠們先產的卵挖出來。

■ **暴民規則**（下）
儘管海龜蛋數量非常豐富，這兩隻黑美洲鷲還是在爭奪所有權。黑美洲鷲甚至會在雌海龜還沒產完卵並完成掩埋之前，就開始偷蛋。

活生生的高壓水槍

欖蠵龜上岸的時間不長,不過在澳洲西部丹皮爾半島西側的羅巴克灣,有些動物會趁著漲潮,游到食物豐富的廣闊泥灘。這些動物並不是真的離開海水,不過牠們還是會從海裡探出頭來。

這片偏遠的淺水灣旁,緊鄰著紅沙灘、潮溝與紅樹林。對許多處於成長期的幼魚、甲殼類與軟體動物來說,紅樹林是很好的躲藏棲息地。午仔魚和其他飢餓的掠食者在那裡伺機而動,等待粗心或過度自信的獵物自投羅網。零散的魚群在紅樹林邊緣徘徊,尋找體型較小的魚、蝦和蠕蟲,不過牠們同樣也得注意自己的安全:雖然混濁的水域是牠們的優勢,還是有一種動物找到牠們的蹤跡,哪怕能見度再怎麼低。

在澳洲北部沿岸活動的矮鰭海豚,經常在河口區域與水深不到二十公尺的紅樹林、海草床附近出沒。牠是一種生性害羞的群居動物,體型類似牠在南亞的近親伊河海豚。矮鰭海豚一直到二〇〇五年才獨立成種,而且就如監製助理威爾‧里金(Will Ridgeon)的發現,這種海豚的蹤跡是出了名的隱密難尋。

「海灣的潮位非常高,意味著水中能見度幾乎為零,也就不可能知道矮鰭海豚會從哪裡冒出來。然而,一旦找到牠們的蹤跡,我們就發現,這種動物在不打獵的時候非常具有社會性,也非常調皮。」

在混濁的水中,矮鰭海豚和其他海豚一樣,都是倚靠回聲定位來尋找獵物,牠們以多種魚類為食,例如午仔魚,也會吃甲殼類、章魚和魷魚。矮鰭海豚有時為了尋找螃蟹,會用鼻尖在淤泥裡挖掘;捕魚的時候,牠們則是會把頭抬到水面上四處環顧,這種行為稱為浮窺(spyhopping)。然後,牠們會做出一種非比尋常的行為:用力從口中噴出水柱。

水柱的射程可以達到好幾公尺,常被視為一種襲擊獵物並使之暫時失去判斷力的「工具」。矮鰭海豚瞄得非常準,會將水柱噴過目標魚兒的頭部,在對方

■ **噴水柱**(下)
矮鰭海豚噴出水柱,造成獵物混淆。這種噴水行為只會出現在矮鰭海豚與牠的近親伊河海豚身上。

■ 澳洲獨佔（上）

矮鰭海豚生性害羞，會躲避船隻，在羅巴克灣的混濁海水中並不容易見到。雖然矮鰭海豚耍雜技的能力不算頂尖，牠們還是會做出浮窺、尾鰭拍水、揮動胸鰭等動作，偶爾也會來個小小的躍出水面。

背後造成干擾。魚兒便會馬上往前逃，就此直直落入張嘴等待的矮鰭海豚口中。「有些矮鰭海豚的準頭似乎更好，」威爾提到，「這必定要有些真功夫。」

　　威爾和BBC攝影團隊幸運地捕捉到矮鰭海豚噴水抓魚的畫面，因此確認了這種海豚噴水的獨門捕魚策略。在此之前，澳洲科學家只有在海豚狩獵時、魚群活躍時，以及鳥兒突然向獵物俯衝時，才觀察到矮鰭海豚噴水的行為。直到他們看到這些畫面，才真正目睹矮鰭海豚噴水捕魚的情形。

　　目前讓人擔心的，是我們到底還能看到這種行為多久。矮鰭海豚就如其他在沿海地區生活的海豚一樣，容易受棲息地惡化的影響，牠們會被漁網與防鯊網困住而導致溺水，或是遭到船舶撞擊而受傷；水底噪音造成的壓力也會導致免疫力下降，讓牠們更容易生病；而且，澳洲以外的漁民仍有捕食矮鰭海豚的行為。在攝影團隊拍攝的羅巴克灣，三分之二的矮鰭海豚身上都留有可能是船舶撞擊或漁具造成的傷痕。現存的矮鰭海豚總數不明，不過最樂觀的估計值指出，全球成年個體的總數應不到一萬隻，大多數都分布在澳洲北海岸。

快快黏上

在荒涼多風的海岸上，少有生物能在濕滑的岩石上固定住自己的身體，不過藤壺和笠貝卻辦得到這一點，牠們可以將自己緊緊鉗在岩石表面。藤壺是一種甲殼類動物，牠的身體包圍著圓形殼板，頂部開口在漲潮時會打開，退潮時則會閉合以避免脫水。藤壺能生存在毫無遮蔽之處，因為牠們的觸角底部有腺體，可以分泌一種黏著物質，藉此將自己黏在裸露的岩石表面；事實上，藤壺的身體是倒過來的，蔓足騰空，頭部附著在岩石上。

笠貝是一種圓錐形海螺，有著非螺旋狀殼體。牠們會分泌黏著力極高的黏液，也會藉著有力的腹足讓自己緊緊吸附在岩石上。和藤壺不同的是，笠貝可以到處移動，不過通常會在退潮前回到原本的位置。牠們會在岩石表面留下一小塊橢圓形的「棲駐凹痕」，此處的藻類會被清乾淨，才能保證最大附著力。笠貝會用牠的齒舌將藻類從岩石上刮下來，這些舌頭上的牙齒是由自然界已知最強韌的物質形成，甚至比蜘蛛絲還要強韌，抗張力高達人類牙齒的十三倍。

笠貝一旦就定位，就很難讓牠們移動了。笠貝的敵人不少，大龍蝦有極具破壞力的大鉗，能把笠貝的殼弄破；蠣

鷸則會試著把笠貝撬下來。不過最會吃笠貝的冠軍，其實是南非地區、模樣如蝌蚪的單杯喉盤魚。製片人克雷格·弗斯特（Craig Foster）仔仔細細地研究了單杯喉盤魚的每個動作。弗斯特是海洋生物學領域的知名田野調查專家，他在過去六年中，每天都在南非的法爾斯灣潛水，試著深入了解在那裡生活的海洋生物。他發現，相對於其他競爭者，單杯喉盤魚的優勢在於牠能在巨浪之間穿梭、捕食笠貝，這些地點對其他魚類而言太過危險而無法抵達。

「為了要在這裡生存，單杯喉盤魚會使用身體下方由腹鰭特化形成的吸盤，」克雷格表示，「這吸盤非常有力，能夠撐住牠體重的兩百倍重左右；吸盤上有特化的毛狀構造，讓牠能穩穩攀附在藻類覆蓋的滑溜岩石表面。潮起潮落之間，單杯喉盤魚會回到自己的小洞穴裡，把自己貼在頂壁。由於吸盤的關係，牠不需要特別與海流抗衡，也因此能省點力氣。」

單杯喉盤魚在洞穴裡靜靜等待潮水到來，當笠貝重新浸沒水裡，牠們通常

1

2

3

4

都是第一個去抓的。而這也是牠們發揮另一個關鍵特徵的時候：那又大又凸出的門牙。人們過去認為單杯喉盤魚是用門牙把笠貝從岩石上撬開，不過克雷格發現事實不僅如此。

「拍攝單杯喉盤魚是很有挑戰性的一件事，因為這種魚生性害羞，善於隱藏，而且牠捕捉笠貝的速度很快，只需要三分之一秒。我花了一整年的時間，以每秒兩百四十幀的速度拍攝，大概可以將整個捕捉的動作放慢十倍，才有辦法顯示以前不曾注意到的行為。

「在攻擊之前，單杯喉盤魚會先顫抖身體，我們可以看到魚鰭顫動、身體繃緊的現象。接下來，牠會用鋒利的牙齒咬住笠貝的貝殼，扭轉九十度，就像我們打開瓶蓋的動作。這個扭轉的動作會破壞笠貝腹足產生的真空吸力。接

著，魚兒會用嘴調整笠貝的位置，因為牠必須將笠貝倒過來連殼一起吞下。軟體部位消化的時候，貝殼會像帽子一樣整整齊齊地疊在胃裡，表面覆有潤滑黏液，之後才會全部一起被吐出來。」

X光攝影證實，笠貝空殼會堆疊在魚兒的前腸。克雷格指出，南非其他地區的喉盤魚（大型個體尤其如此），可能還是會用人們原先認為的方式，將笠貝從岩石上撬下來。不過他在法爾斯灣觀察到的所有單杯喉盤魚，都是採用同樣的「扭轉開瓶法」，這種行為確實是新發現，也是「第一次」在電視上播映。

■ **喉盤魚**（右）
南非的單杯喉盤魚體長約三十公分，是喉盤魚科裡體型最大者。
■ **疊疊樂**（左下）
單杯喉盤魚會將笠貝連殼吞下，再一疊一疊地反芻出來，看起來就像堆在廚房裡的餐盤。

「拍攝單杯喉盤魚是很有挑戰性的一件事，因為這種魚生性害羞，善於隱藏，而且牠捕捉笠貝的速度很快，只需要三分之一秒。」

——生物學家、製片人 克雷格·弗斯特

岩池庇護所

潮間帶的生物通常得忍受潮起潮落帶來的嚴峻挑戰，尤其是冬季風暴期間，然而，潮間帶仍然有一個區域必須倚賴潮汐，那就是岩池。每天，新鮮海水隨著漲潮流入岩池，等到退潮以後，海水不再攪動，池裡終於可以享受片刻寧靜。此時，居民就會紛紛從藏身處跑出來。海星和寄居蟹通常最早出現，接著是裸鰓類和小魚；而這些動物有個共同弱點，雖然牠們都在潮間帶生活，卻擺脫不了終生必須完全浸在海裡的枷鎖。

這些動物裡，引領潮流的是海星，

■ 狡猾的獵人（下）

1 海星慢慢移動著數百隻的微小管足，悄悄朝著一隻透孔螺靠近。位於海星腕部末端的管足，可以探測到透孔螺的氣味。
2 海星滑向透孔螺，卻因為透孔螺張開了套膜而挫敗。透孔螺用套膜將海星驅退了。
3 若海星持續攻擊，透孔螺底下的多鱗蟲就會探出頭來咬海星的足部。
4 海星聞到其他獵物的味道，透孔螺與多鱗蟲則活了下來。

牠們可以完全改變岩池的風貌。著名美國生態學家羅伯·T·潘恩（Robert T. Paine）曾研究潮間帶的海星，他發現岩池外的貽貝群存活良好，因為海星在一天之中只有半天能攻擊牠們，也就是滿潮期間；而生長在岩池裡的貽貝，無論潮起潮落，都會受到海星攻擊，因此

池內貽貝數量不多，也就留給了其他海洋生物更寬裕的空間。這點使得潘恩將海星稱為「關鍵種」（keystone species），他藉此概念來突顯會對動物群聚造成重大影響的物種，即便牠們的成員數量可能是相對少數。牠們影響許多其他動物的生活，因而決定了該生態系的物種類型與個體數量。

　　海星移動時靠的是身上數百隻的管足，位於腕部末端的管足也對水中氣味與獵物非常敏感。透孔螺是牠們的狩獵目標，不過這種貝類也有自衛的祕密武器。

　　在海星碰到透孔螺的時候，透孔螺會展開一層防禦套膜。牠們會上到自己兩倍高度之處，並將平常藏匿在貝殼下的外套膜伸展開來，包覆住殼和腹足。因為外套膜滑溜溜的，海星通常抓不住。然而，如果海星並未因此打退堂鼓，透孔螺還有備案。生活在透孔螺貝殼下方的多鱗蟲，這時就會伸出牠的顎，啃咬海星的管足。這是讓海星撤退的絕佳方法。

礁岩潟湖裡的生物

　　岩池及其居民必須倚賴漲潮帶來的補注，不過在這裡生活的海洋動物，也有一部分大膽邁出了陸居的步伐。這些動物將岩池和大海視為掠食者出沒的潛在死亡陷阱，因此努力避開。然而，離水而居也讓牠們暴露在新的危險之中，例如將牠們視為獵物的海鳥。要在這樣的環境中存活下去，牠們必須利用岩石、海藻來做偽裝，不然就是要有敏捷輕盈的動作。

　　顏色鮮豔的真方蟹採取的是上述第二種策略，牠們因此成功地從大海移往陸地，儘管如此，牠們還是得倚賴海洋。真方蟹的活動與覓食區域在飛沫帶[*1]之外，但是牠們繁殖的時候還是需要大海的助力。母蟹會抱著卵，直到孵化，然後將剛孵化的幼體小心

—
★1　飛沫帶：潮間帶依高度不同，可分為四個帶狀區域。飛沫帶為其中最高、最乾燥的地方，只有海浪激起的海水飛沫（sea spray）所及之處有水分。

放入海中，讓牠們沖向大洋，發展完成後才會回到陸地上。

這種螃蟹的英文俗名 Sally Lightfoot crab 據說來自一位加勒比海的舞者，用以形容牠們在岩池與岩石之間靈巧活動的模樣。製作人邁爾斯・巴頓發現，由於真方蟹的行動迅速，難以捕捉，掠食者還得準備幾個錦囊妙計，才可能把真方蟹抓到手。巴西生態學家暨製片人若昂・保羅・克拉耶夫斯基（João Paulo Krajewski）邀請巴頓和他的團隊

到巴西東部外海非南多諾羅涅群島的一個海島上，在那兒他們拍到了色彩繽紛的景象。

「真方蟹形成的景觀著實讓人驚豔：一波波黃紅交織的螃蟹沿著潮線移動。牠們以甫露出水面的藻類為食，活動時會小心別讓自己掉入水中。牠們似乎不

■ 真方蟹
這些色彩鮮豔的螃蟹生活在多風海岸的岩石上，以藻類為食。牠們行動非常敏捷，除了狡猾的鯙鰻或章魚以外，幾乎不可能抓到牠們。

喜歡水。不過有時候牠們也會不小心被潮水帶走，受困在岩石上，這時就得被迫下水游泳。牠們會變得十分驚慌，倉皇地在水面拚命用腳划水。之所以會如此，是因為這裡有鱘鰻出沒，而這些鱘鰻很愛吃蟹。」

鱘鰻會採取的跟蹤攻擊策略有二，其一是隨著潮汐進入岩池，趁螃蟹被孤立在岩石之際，加以攔截；或者有些鱘鰻會躲在岩池裡，等待螃蟹經過。因此，螃蟹接近岩池時總是小心翼翼，動作又輕又緩，避免引起注意，這是因為鱘鰻

■ **埋伏的鱘鰻**（上）
鏈蝮鱘平均身長四十五公分，有的可長到六十五公分。牠們會為了捕蟹離開海水，最久可以在又高又乾的岩石待上半個鐘頭。

對於周圍的突然動作非常警惕之故。

這一帶的鱘鰻是鏈蝮鱘，牠和其他鱘科動物非常不同。牠的尖牙較鈍，有些幾乎狀似臼齒，很適合用來咬住、咬碎螃蟹。牠狩獵時會先跟蹤獵物，觀察目標的一舉一動，並預測最適合突襲的地點。等時機一到，就會像蛇一樣，猛然把頭伸出水面，一口氣拿下獵物。

■ 捕蟹好手（上）
　鏈蝮鯙是以甲殼類為食的一種鯙鰻，牠的牙齒能壓碎獵物，與其他以尖牙捕魚的鯙科不同。

　　威爾‧里金和攝影師丹‧畢勤，兩人在滑溜溜的岩石上跟蹌移動，很難在正確的時機抵達正確的拍攝地點。

　　「要預測鏈蝮鯙會在何時何地出擊，實在是個很大的挑戰。情況就是，我們要先跟蹤一隻看起來正在打獵的鏈蝮鯙，然後再猜猜牠打算攻擊哪隻螃蟹。鏈蝮鯙的攻擊如閃電般迅速，許多螃蟹身上都會因為這樣的暴力攻擊留下傷痕，不過若是鏈蝮鯙真的想要吃到螃蟹，還得要一舉咬住牠們的背甲才行。若是只咬到蟹腳，螃蟹可能會斷肢自救。」

　　如此一來，體型較小的螃蟹通常會被整隻咬碎吞下，而較大的螃蟹雖丟了條腿，至少可以保住小命，畢竟蟹腳還可以長回來。

　　若鏈蝮鯙攻擊失敗，牠可能就會滑上岩石，搖身一變成為陸地掠食者，準備在臨近的岩池進行另一次伏擊。然而，若鏈蝮鯙在陸地上與螃蟹遭遇，螃

「要預測鏈蝮鱘會在何時何地出擊，實在是個很大的挑戰。情況就是，我們要先跟蹤一隻看起來正在打獵的鏈蝮鱘，然後再猜猜牠打算攻擊哪隻螃蟹。」
——〈海岸〉與〈深海〉監製助理 威爾·里金

蟹很容易就能逃跑。鏈蝮鱘在陸地上的行動能力完全無法和真方蟹相比。

在同一片海岸上，攝影團隊也曾看到小章魚非常迅速地從水裡跳出來，將岩石上的螃蟹抓住的情景。章魚會把螃蟹抓到水面下，用腕足間的蹼狀組織將獵物包起來，再用有如鸚鵡的尖喙進行肢解。威爾在這裡活動時，必須要小心自己下腳的地點。「這些章魚出奇地有侵略性，牠們會在我們經過的時候撲過來。」

■ **孤獨的工作**（上）
野生動物攝影師羅德·克拉克（Rod Clarke），在名列世界文化遺產的非南多諾羅涅群島上，耐心等待真方蟹出來活動，以及鏈蝮鱘的狩獵。

■ **飛沫帶之上**（右）
為了要吃到最新鮮的海藻，真方蟹會盡量接近海面。大浪打上來的時候，牠們會將身體平貼岩石，用強而有力的蟹腳緊緊攀牢。

「不過對我們來說，這些章魚可說是額外福利，」邁爾斯補充道，「牠們比鏈蝮鱘常見，伏擊點也容易預測，所以最後我們不用多花什麼力氣，就拍到了兩種掠食者。」

離水而居的魚

　　成功從海洋登陸生活的現存魚類並不多，不過確實存在。鏈蝰鯙在伏擊獵物的時候，最多可以在水外停留三十分鐘；彈塗魚則會在退潮時用鰭在泥灘上「跳行」，藉此保衛牠在紅樹林的領土，以及向異性求歡。然而，將陸居生活提升到另一個層次的，則是密克羅尼西亞的太平洋跳彈鯙。這種魚在成年以後，便完全離水而居，在飛沫帶與潮間帶生活。

　　這種體長八公分的跳彈鯙有非常棒的保護色，完全和覆滿藻類的岩石融合，因此能躲開海鳥、螃蟹與蜥蜴等所有潛在掠食者的窺探。牠們以黏質為食，會用牙齒將之從岩石刮下。牠們也喜歡吃退潮時露出海面的新鮮藻類。跳彈鯙最活躍的時段在滿潮與乾潮之間，主要是白天不太熱的時候，最多有四個小時。滿潮時海浪拍打海岸，牠們會攀附在岩石上，或是躲藏在淺岩縫；而乾潮時，牠們會藏在潮濕處以保持水分。不過在滿潮乾潮之間，一群群的跳彈鯙就會像玩水、躲海浪的孩子一樣，在海邊排起隊準備覓食。牠們還有種非常獨特的走動方式。

　　若是被掠食者發現，或是大浪打上來造成干擾，牠們就會跳到更高的地方——跳彈鯙這名稱也是這麼來的。牠們

的祕密在尾巴。跳彈鯙的尾巴可以扭轉九十度，讓牠們可以敏捷地從一處移動到另一處。邁爾斯・巴頓發現，跳彈鯙只有在跳動的時候才會顯露蹤跡。

　　「乍看之下，跳彈鯙隱藏得很好，在棕色岩石上幾乎是隱形的。只有在海浪打上來的時候，你才會因為陽光在牠們身上反射而看到閃閃銀光。如果你仔細觀察，就會看到牠們其實是把槳狀的尾巴壓平，用尾巴在岩石上使力一推，將自己的身體送到半空中。」

　　這種運用尾巴的移動，也可以讓牠們從一個洞跳到另一個，好尋找伴侶。這種魚非常適應陸地生活，無論是社交、求歡或產卵，都是在陸上進行。

　　在滿潮乾潮之間，雌跳彈鯙覓食的時間比雄性來得長，如果有其他同類進入方圓二十公分的範圍內，牠們就會閃動紅色背鰭，並讓體色變成黑色，藉此發出強烈信號。會有這種高張的侵略行為，是因為食物資源的競爭。這樣的情

「乍看之下，跳彈鰕隱藏得很好，在棕色岩石上幾乎是隱形的。只有在海浪打上來的時候，你才會因為陽光在牠們身上反射而看到閃閃銀光。」——製作人 邁爾斯·巴頓

形唯有在高低潮之間，許多雌魚擠在岩石隱密處的時候才會緩和下來。

　　雄魚通常會避開其他雄魚，牠們具有地盤意識。若是兩隻雄魚相遇，牠們也會發出同樣的信號，不過雄魚的紅色閃光色調不如雌魚。雄魚的領域會以飛沫帶石堆裡適合產卵的凹洞為中心，當牠們準備好要交配時，會頻頻點頭來吸引雌性。這種行為讓人聯想到蜥蜴。雄魚頭上有冠狀構造，讓點頭的動作看起來更加明顯，牠們可以向兩公尺以外的雌魚發出求偶信號。

　　「在其中一塊岩石上，大約每三十公分就有一隻雄魚，」邁爾斯回憶道，

■ **吃飯時間**（上）
跳彈鰕聚在水邊享用藻類大餐的同時，也要小心別讓自己被水沖走。

■ **近距離接觸**（右上）
攝影師羅德·克拉克必須把攝影機架在陸地與海水間的空隙，卻又不能打擾到跳彈鰕。

「那裡有隻優勢雄魚佔了個扇形岩石附近的大巢穴，牠成了我們的大明星。每次有雌魚在牠的下方出現，牠就會變成黑色，開始興奮地扭動。牠的橘色背鰭會不停閃爍顫抖，直到雌魚靠近並進入牠的巢穴。然後牠就會跟著雌魚而入。牠吸引了最多雌魚，不過我也注意到，有隻雌魚走訪了三隻雄魚的巢穴；當時我想到的，是『不要把雞蛋放在同一個

籃子裡』這句俗諺。」

雌魚會選一兩隻雄魚，在牠們的巢穴裡產卵，待受精以後再由雄魚負責保護。我們仍不知道這些仔魚是會留在巢裡，還是會被沖刷到大海中完成發育。不過，在關島研究跳彈鰕的新南威爾斯大學教授泰瑞·歐德（Terry Ord）幾乎可以肯定，這些仔魚會在大海裡發育二十五到三十五天，等到長成稚魚才回陸上，並在陸上度過餘生。

即使是這樣，跳彈鰕仍然是魚，而魚還是需要水，只不過這種魚只需要靠海水飛沫來保持魚鰓和體表濕潤即可。牠們的皮膚如肺，能直接從空氣吸收氧氣，就像兩棲類的皮膚一樣，這也是讓歐德博士這樣的演化專家感到興奮的原因。

數百萬年前（沒有人知道確切時間），當鰕的祖先踏出上陸的第一步時，牠們可能已經和這種跳彈鰕一樣，有著類似的保護色。牠們生活在較深海域的親戚，也有類似體色，所以，可能是因為這樣的保護色，讓那些早期的鰕比較容易從海洋登陸。

太平洋跳彈鰕讓科學家能藉由現存動物發現，從水到陸地的演化可能有什麼樣的過渡，歐德博士與他的研究夥伴因而能由今鑑古，觀察到演化進行的一瞬。

海鳥城

　　每到繁殖季，海鳥就會佔據緊鄰海岸的內陸地區。聳立在飛沫帶與潮間帶的海崖，是海鸚、崖海鴉與其他海鳥的築巢地。這些海鳥大部分時間都在大海生活，牠們會潛到海浪下，用粗短的翅膀在海中「飛翔」，追捕魚兒和魷魚。不過一到繁殖季，牠們就得離開大海，回到陸地上。海鸚會在懸崖上挖掘隧道或佔領兔子洞，崖海鴉則佔據崖下的岩礁凸出處。這些海鳥通常會成千上萬聚在一起，形成龐大的繁殖群。

　　位於巴倫支海的赫恩亞島是挪威的極東點，在日照時間極長的短暫北極夏季，小島上會聚集超過一萬五千隻的崖海鴉，與七千八百隻的北極海鸚；三趾鷗、刀嘴海雀，與綠鸕鶿也會一起加入；在附近築巢的還有黑脊鷗群體，以及一對對孤立的大黑背鷗。

　　海鳥研究者對於海鳥為何形成龐大繁殖群的看法大相逕庭。有些人認為這是「掠食超量」策略：由於鳥蛋和幼雛數量龐大，掠食者很快就能吃飽。此外也有更多鳥兒可以組成防禦，大量海鳥在空中盤旋的景象得以混淆潛在攻擊者的視聽。另一方面，海鳥群體又吵又臭，從遠處很容易就能察覺，因此很可能會吸引不速之客前來，對鳥兒和牠們的後代造成傷害。然而，這樣的群體也是有好處的。

　　懸崖上的鳥兒可以觀察剛捕魚回來的其他鳥兒，看看哪些鳥兒嘴裡叼著小魚。歸來的鳥兒提供了最佳覓食地點的方向，讓觀察者可以朝正確方向去捕魚。這座海鳥城成了可以讓鳥兒發揮集體智慧的資訊交流中心。然而，這些空中掠食者也帶來了持續性的潛在威脅，這意味著，僅僅是簡單的飛來飛去也會伴隨危險。

　　有如海盜的短尾賊鷗會追逐歸巢鳥兒，不斷騷擾牠們，直到牠們反芻或丟下得來不易的漁獲，再自己狼吞虎嚥這頓搶來的大餐。對築巢鳥兒來說，遭遇搶劫是很嚴重的挫折，因為那可能是牠們來回飛了上百公里的收穫。而牠們每天都必須飛這麼遠，背後有兩個令人焦慮的原因。

　　原本能夠提供穩定食物來源的近海覓食地點，早就因為漁業而耗竭。氣候變遷與海水暖化也影響了浮游動物的分布，而海鳥的兩種重要獵物——玉筋魚與毛鱗魚，就是以浮游動物為食。牠們都移至了東北方更涼爽的水

■ 鳥滿為患（右上）
赫恩亞島的這一面懸崖，築巢的崖海鴉幾乎佔據了每一個岩礁。

域，因此海鳥就得飛到更遠的外海去覓食。如果牠們的食物被短尾賊鷗搶走，可不只是造成不便而已，而是非常浪費時間，雛鳥也得因此挨餓。而這只是海鳥在如此不便之處築巢所必須面對的許多妥協之一。

在狹窄的岩礁找到平衡點的崖海鴉新生代，自出生第一天起，就得要面臨各式危險，不過這種鳥有幾種特點，讓

牠們能健健康康地活下來。雨水打在崖海鴉蛋上時，會在蛋殼表面形成水滴，不會流走，表示這些蛋能防水，還自帶清潔功能。蛋通常不會從岩礁掉下去，不過成鳥在起飛或降落的時候，有時會不小心把蛋踢掉。剛孵化的雛鳥也很脆弱，成鳥必須注意別讓牠們滑落。在長到差不多三週大以後，雛鳥就得從崖上跳下去。邁爾斯·巴頓和攝影師巴里·

布里頓（Barrie Britton）就在一個特別的夜晚，捕捉到所有幼鳥準備往下跳的畫面。

「此時牠們還不能飛，」邁爾斯注意到，「牠們拍打著小而無用的翅膀，試著在下墜時控制身體。幼鳥如落雨般紛紛從懸崖往下跳，焦慮的鳥父母也會跟著一起跳。牠們在我們身邊撲通撲通地落下，運氣差的掉在岩石上，運氣好的掉在植物上。空氣中充滿迷途幼鳥與鳥父母發狂似的叫聲。幾個小時之內，大概有數千隻幼鳥跳崖。這是避免被吃掉的一種方法。幾隻大黑背鷗吃飽以後，就會忽略攀在岩石上的一團團白色絨毛球。不過戲還沒演完，這些小鳥接下來還得往打在岩石上的浪花裡跳。那真是個讓人難忘的神奇夜晚。」

幼鳥一落到水裡，馬上就懂得潛水。鳥爸爸會繼續餵養幼鳥幾個月，才讓牠們獨立，開始保護自己。挪威自然研究院的彤·克莉絲汀·萊耶岑（Tone Kristin Reiertsen）已經研究這種鳥好幾年，對於牠們為什麼會有這樣的生活方式，她非常困惑。

「整個冬季，赫恩亞島所有的崖海鴉都會待在巴倫支海東南部，這點讓人非常驚訝，因為那裡的冬天很陰暗，生活條件也很艱苦。牠們會潛到相當深的地方，深度可達一百八十公尺，不過只

■ **水中飛行**（上）
崖海鴉的游泳能力極佳，堪比牠們的飛行能力。牠們用翅膀推進。崖海鴉以玉筋魚、毛鱗魚等小型魚類為食，有時會潛到水面下一百八十公尺的深處，待上好幾分鐘。

■ **自然界的小丑**（右）
北極海鸚和崖海鴉一樣，帶著獵物回巢時也得防著短尾賊鷗。

有在隆冬時節。至於牠們到底是怎麼辦到的，目前仍然是謎。」

有時候，這項研究產生的問題比回答的還要多，不過它確實讓我們看到，崖海鴉是非常傑出的求生專家。短短幾週的時間，幼鳥就從原本的陸居動物變成水生，再飛上天，然後成為絕佳的深潛好手。對於離巢時體重只跟倉鼠差不多的幼鳥來說，這絕對可說是了不起的成就。

受困！

在東太平洋的加拉巴哥群島，也有個奇妙的故事，陸地同樣扮演了關鍵角色。這個故事發生在伊莎貝拉島北側的沃爾夫火山山腳下，那裡的鷹、鷺和海鳥緊緊盯著牠們的鄰居——一群加拉巴哥海獅。因為有件大事即將要發生了。

海獅在陸上與海裡都行動自如，牠們運用這種能力，在兩個非常不同的世界裡形成優勢。這群海獅正要去捕魚，不過牠們的目標並非鯖魚或其他小魚，而是巨大的黃鰭鮪——就是你在餐桌上會看到的那種。

■ **魚肉大餐**（右）
加拉巴哥海獅正在享用黃鰭鮪，一隻鷺在旁邊等著吃碎屑。
■ **慢慢逼近**（下）
海獅將鮪魚趕到狹窄海灣的淺水區裡，把魚兒困在那裡。如此一來，腦部較發達的海獅就能智取速度較快的鮪魚。

成年黃鰭鮪的平均體重可達六十公斤，可不是什麼弱小的魚類。牠用來游泳的肌肉，溫度比周圍海水稍高，可以把流線形的身體推到時速四十英里。有了如此強勁的肌力，讓黃鰭鮪游得比多數的大型海洋掠食者還快，行動也更靈巧。不過，當牠們受到一群群的餌魚吸引，而接近伊莎貝拉島時，卻在這裡遇

上了震撼教育。

　　加拉巴哥海獅一點也不笨拙。雄海獅體長可達二‧五公尺，體重三百六十公斤，在水裡又快速又敏捷，但是仍然快不過成年鮪魚。儘管如此，海獅的頭腦比魚來得大且複雜，而且他們確實也知道怎麼動腦。

　　漁民最早在二〇一四年觀察到海獅這種超乎尋常的行為，BBC攝影團隊則是最早將之記錄下來。他們簡直無法相信眼前所見。在鮪魚群逐漸接近伊莎貝拉島時，海獅會游出去，將魚群往岸邊趕。牠們選了一個越游越窄的海灣，讓魚群自投羅網。監製助理瑞秋‧巴特勒（Rachel Butler）觀察到整個經過：

　　「海灣地形清楚顯示出海獅為什麼特別選擇這個地點。火山熔岩形成了小海灣迷宮，而這片『死亡海灣』則經由深海隧道與大海相連。我們稱它為『青花菜』。每當我們看到海獅開始加速並在隧道入口上下竄動，我們就知道，牠們的獵捕行動開始了。

　　「策略上來說，會有一隻海獅主導獵捕行動，如果因為濃霧導致一開始視線不良，我們還是可以聽到牠們相互呼喚，就如足球場上的球員。原本我們以

■ 致命一擊（左）
海獅從鮪魚的頭部咬下去，制伏了鮪魚。

85

「我們很緊張。鯊魚會撞到攝影機，也會咬攝影機，因此我們堅持水下攝影師必須穿上金屬鏈製作的『防鯊裝』，避免被牠們咬傷。」——監製助理 瑞秋·巴特勒

為這種行為是隨機的，每隻海獅肚子餓的時候就會去打獵，等到我們用空拍機拍攝才發現並非如此。牠們其實有非常清楚的獵捕計畫。

「群獵時一定會有個『驅趕者』，通常是一隻我們稱為『葛雷先生』的大型雄海獅。你會看到其他海獅陸續脫隊，將最深的隧道擋起來，把鮪魚困在淺水區。然後，體型較小的海獅會從魚群側面攻擊，將魚群趕到更淺的地方。魚兒為了避開攻擊，會從水裡跳到岩石上，或在海灘上拍打掙扎。此時，海獅就會馬上把鮪魚抓起來。

■ 身陷險境（上）
除了活躍的海獅（包括力氣大的雄性），攝影團隊還得小心偷偷溜進去吃鮪魚的直翅真鯊。

■ 適口大小的魚肉（右）
海獅吃魚的時候通常是整隻吞下，因此，為了要將鮪魚弄成適口大小，海獅會猛力敲打鮪魚，將鮪魚分屍。

「牠們每抓到一隻魚，就在頭骨後方咬一口，這就像漁夫把魚的頸部弄斷一樣。接下來，然後牠們會用力將魚往空中拋，以鞭打的動作將魚肉一塊一塊敲下來。此時，周圍的鳥兒會衝進來撿拾碎屑，隨著魚血流入海中，鯊魚當然也尾隨而至！」

加拉巴哥群島的直翅真鯊是機會主義者，其中體型較大者也不介意直接從海獅身上咬幾塊肉下來。這一點可以從許多海獅身上都有疤痕來證實。在這裡，這種生性好奇，且對水中任何擾動都非常敏感的鯊魚，卻會直接和海獅爭食鮪魚。趕魚的苦工讓海獅來做，鯊魚則拚命擠進來，甚至游到淺水區，即使背鰭露出水面也不介意。在這種瘋狂搶食的狀況下，鮪魚和海獅都可能會被鯊魚咬傷。

　　「鯊魚的侵略性極強，」瑞秋指出，「我們很緊張。鯊魚會撞到攝影機，也會咬攝影機，因此我們堅持水下攝影師必須穿上金屬鏈製作的『防鯊裝』，避免被牠們咬傷。此外我們也安排安全人員一起潛水，配上防鯊棒（shark stick），負責趕走鯊魚。然而，看著一隊同心協力的海獅趕著一大群鮪魚，讓牠們俐落地飛落岸邊岩石，這個景象完全讓我嘆為觀止。」

脂肪牆

加拉巴哥群島周圍的鮪魚有海獅和鯊魚與牠們抗衡，而南大西洋的一座島嶼上，體型巨大且魅力十足的海鳥，則得搖搖晃晃地跑過更可怕的挑戰。

南喬治亞島的聖安德魯斯灣上，海灘與內陸以白雪皚皚的群山為背景，這裡是一大群企鵝的駐地，約有十五萬對企鵝在此築巢，是世上最大的國王企鵝繁殖群。牠們身高近一公尺，是現存企鵝中體型第二大的（皇帝企鵝高牠們十

■ 小心踏步（下）
返回築巢地的國王企鵝要非常小心，避免驚擾體型最大、力氣也最大的象鼻海豹——「海灘之王」。

公分），公企鵝的體型比母企鵝稍大。

每對企鵝會在十一月到四月間產下一顆蛋，然而，由於雛鳥需要十三至十六個月才會離巢，因此無論什麼時候，群裡都可以看到十二個月大的小企鵝、接近繁殖期尾聲的成年企鵝，以及正開始抱卵的企鵝。公企鵝和母企鵝都會抱卵，頭三個星期是全天候性質，然後會每兩三天輪流抱卵和出海獵食。等

到小企鵝年紀稍大，在企鵝爸媽出海時，牠們就會聚集在企鵝托兒所[★1]。雖然每隻小企鵝身上都有一層深棕色的羽絨外套，從鄰近冰川吹過來的酷寒風颱仍然冷到骨子裡，因此小企鵝都會聚集在一起互相取暖。

國王企鵝在陸地上的行動遲緩，不過一到海裡，馬上就搖身一變成為行動迅速的掠食者。牠們在白天通常會潛到水深約一百公尺處，潛水時間約五分鐘，而目前最高記錄為九‧二分鐘，深度三百四十三公尺。到了晚上，牠們就不需要潛到比三十公尺更深的地方，因為牠們的獵物（主要是燈籠魚和魷魚）有晝夜洄游的行為，夜晚浮上海面，白天則躲藏在深海。相較於其他南冰洋掠食者，國王企鵝較不依賴磷蝦群。

回到海灣的企鵝可說是滿載而歸，準備將這種天然又營養的魚湯反芻給小企鵝吃，不過在牠們要上岸之前，得先跨過一堵「脂肪牆」。數千隻、約佔全

★1 許多鳥類有彼此照護幼兒的習性，稱作「托兒所」（Crèche），如企鵝、加拿大雁、歐絨鴨等，獅子也有此習性。

球總數一半的南象鼻海豹全都聚集在沙灘上，形成一堵活生生的天然屏障，隔絕了企鵝爸媽和迫切等待父母返家的小企鵝。

　　企鵝幾乎是踮著腳從這些龐大身軀旁邊走過，小心翼翼地，避免吵醒這些正在打盹的海灘之王。雄象鼻海豹可說是這裡的「國王」，每一隻都有後宮圍繞。若是驚擾到其中一隻，企鵝很可能會輕易地被這重達四噸、身長七公尺的動物給壓扁。這數字是南喬治亞島的記錄，這隻雄性是最重最長的南象鼻海豹，同時也是地球上最大的鰭腳類。

　　穿過象鼻海豹迷宮以後，大多數企鵝爸媽都得尋找自己的小企鵝。不過，當成年企鵝完成了育兒階段的工作，牠們從海裡回來就會繞過托兒所，到內陸去換毛。此時，會有數百隻企鵝站在一起，同時脫掉舊羽，長出新羽。企鵝會換掉四層的保溫羽毛，把身上的救生衣整個換新，不過代價就是換羽期間無法打獵覓食：牠們的體重至少會減掉兩公斤。換羽期的企鵝看起來很可怕，凌亂不堪又淒涼，不過重要的是，牠們得盡快完成換羽，否則還會有凍死的危險。

　　同時，甫離巢的企鵝則要初次面對大海。一旦下水，牠們還得游得夠快才行。豹斑海豹、虎鯨，與雄性海狗可能都在沿海水域巡游。南大西洋的亞南極地區島嶼是片無情之地。

■ 企鵝拼布（右）
　成年國王企鵝的體色為黑與白，小企鵝則是髒兮兮的棕色。

鯊魚潮

二月中旬的佛羅里達州棕櫚灘，海水已經相當溫暖——約攝氏二十三度。避寒出遊的觀光客蜂擁而至，沐浴在陽光的溫暖下。然而，他們並不知道，距離海岸一百公尺的大海中，集結了一萬隻鯊魚，牠們正為了年度遷徙在此稍事休息。許許多多的黑邊鰭真鯊和直齒真鯊聚集在這裡，數量多到你隨便丟個石頭都能打中一隻。這是全世界最大的鯊魚潮，牠們來自南方，在朝北遷徙之前暫時集結於此。牠們在大西洋沿岸各個目的地都有豐富的食物資源，許多海灣

■ **鯊魚群**（上）
　每年一到二月，成千上萬的黑邊鰭真鯊和直齒真鯊都會聚集在佛羅里達州南部近岸數公尺的水域。
■ **機會主義者**（次頁）
　無溝雙髻鯊獵捕黑邊鰭真鯊和直齒真鯊。牠會刻意追隨牠們的遷徙路線，趁機攻擊落單者。

與河口都是已知的繁殖地，不過牠們似乎是在等待偏北處的水溫升高（通常在復活節左右），再繼續朝北遷徙。然而，這種大規模的暫留，確實也是利用當地資源補充能量的好機會。

黑邊鰭真鯊和直齒真鯊都是非常主動的獵食者，不過牠們也有笨拙的一面。大量的鯊魚追逐著一群群扁鰺和烏

魚，有時會因此進入淺水區，整片海域滿是狂熱搶食的鯊魚。有些甚至會不小心擱淺，牠們瘋狂地扭動自己的身軀，在潮水退去之前趕緊回到海裡。

不意外的，這樣龐大的群聚必然會吸引不速之客。即使是中型鯊魚，也有牠們的掠食者，而牠們的天敵是一種殘暴的鯊魚——無溝雙髻鯊。其體長可達六公尺，以鐮刀形的背鰭為辨識特徵。這種體型龐大的頂級掠食者會悄悄游到淺水區獵食，早在人類在此建造別墅公寓之前，牠們就已演化出這樣的行為。

然而，這些別墅公寓可能會讓這樣的自然奇景消失。跟海洋的諸多區域相比，海岸線較常受到自然地質作用的形塑，而這一帶海岸卻因人類臨海而居的欲望而遭到破壞。水泥突堤、防沙堤，與海堤抵禦著海浪沖蝕，這些建設也許可以讓一個社區免受水患之苦，卻因為干預了侵蝕和沉積的自然過程，造成鄰近的下方海游受到更多侵蝕，形成了惡性循環，得用上更多水泥。海岸上的水泥越多，海洋生物生存或造訪的機會就越低。沿岸區再也不是充滿活力與挑戰的野生環境，逐漸成了生態沙漠。這種情形在世界各地的海岸都在發生。

第三章

珊瑚礁

■ **色彩繽紛的珊瑚礁**（左）

　　熱帶珊瑚礁是充滿活力的海底城市，有許多色彩繽紛的海底居民在此生活。

■ **脆弱的珊瑚礁**（前頁）

　　熱帶珊瑚礁生長在溫暖的淺海域。珊瑚礁要生存下去，環境水溫是一個關鍵因素。

　　熱帶珊瑚礁可說是海底的大都會，有高聳街區、狹窄巷弄、寬廣大道與宏偉的廣場，地球上各個主要動物族群的居民穿梭其間。這些珊瑚礁只佔了海洋表面積的百分之○·一，卻有百分之二十五的海洋物種生活其中，而且每天都有新種發現。讓人驚訝的是，熱帶珊瑚礁生長的位置，是海洋中養分貧瘠的區域，居民需要的所有養分幾乎都是在地供應，因此空間與資源的競爭也非常激烈。

　　有些珊瑚礁的結構巨大，如規模龐大到可從太空用肉眼觀察的澳洲大堡礁，但它們其實極端脆弱。珊瑚礁的健康必須倚賴清澈、乾淨的海水，與充足的日照，以及攝氏二十五至三十度的水溫，因此它們只出現在遠離大河的淺海，而且只會分布於赤道兩側北緯三十度至南緯三十度之間。如此嚴苛的需求，意味著即使是最細微的環境變動，也會對熱帶珊瑚礁造成非常大的傷害。它們就好像是被圍困的城市。大規模變化所帶來的影響，如過度捕撈、海洋酸化、海溫上升與海平面上升等，對珊瑚礁來說都具有潛在的破壞性。

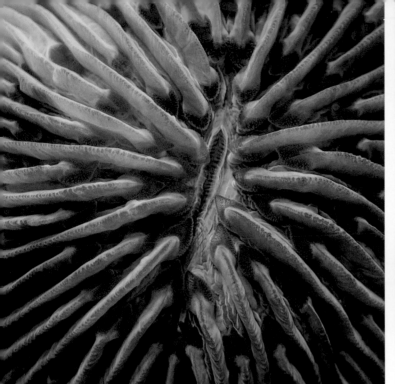

■ **彩虹珊瑚礁**（左與右）
　珊瑚會發出各種螢光。螢光色可以保護生活在淺海珊瑚組織裡的蟲黃藻不受有害的太陽輻射影響。生活在較深海域的珊瑚也會發出螢光，不過並非為了防曬，而是要替蟲黃藻帶來額外光線。螢光可以當作珊瑚礁健康與否的指標。

■ **管棲動物**（右下）
　角海葵外形與海葵類似，不過牠們是埋在柔軟的沉積物裡生活，可以把身體縮回管內。角海葵的觸手有兩輪，外輪觸手較大，負責捕捉食物；內輪觸手較小，負責捕捉後的操作。

拂曉的水漾大合唱

太陽緩緩推升到地平線之上，海面一片平靜，海鳥粗啞刺耳的叫聲，打破了夜間的寂靜，喧鬧地開始了新的一天。無論在世界上哪個地方的熱帶雨林、田野或沼澤地，黎明之歌總少不了鳥兒的蹤影。不過令人驚奇的是，這種日復一日的表演並不侷限於生活在海平面以上的動物。海面下一樣有著各式各樣的嘈雜，也就是各種海洋生物帶來的「珊瑚礁大合唱」。

就如陸地上鳴禽春季歸巢的自然律動，珊瑚礁群落每到黎明與黃昏時刻，也會群起齊鳴，其中，黃昏又較黎明熱鬧；而新月期間是最大鳴大放之時，滿月則最為收斂。這恰恰符合珊瑚礁的活動時間，無論在一天或一年當中的什麼時刻。這些豐富的合唱，是由一些最意想不到的表演者所創造。自公元前三五〇年亞里斯多德的時期，人們就已經知道魚類會發出聲音，不過誰會想到，海膽與蝦子同樣也是合唱團的成員？

這些聲音之中，音量最小的是海膽進食時牙齒發出的刮擦聲，以及牠們清潔身體時，搓揉身上的刺棘所發出的細微金屬碰撞聲。圓球狀的海膽殼則有擴大音量的效果。發出最大聲量的是槍蝦，許多槍蝦同時「開火」發出的聲音，聽起來就像是平底鍋裡煎到嘶嘶作響的培根。槍蝦用牠們的大螯射出空穴氣泡，製造聲音的同時也會發出一道明亮的閃光。這個動作會產生一陣內爆，其力道之大，傳出去的震波甚至可以打昏小魚，不過槍蝦通常是用來和其他同類溝通。

與蝦子相形之下，魚類就含蓄許多，不過牠們用聲音的多樣性彌補了音量不足的缺憾。黑鮸的聲音宛如霧笛（fog horn），小丑魚會用頜骨發出喀噠聲，受迫的三刺擬蟾魚會如嬰兒般啼哭，牠們也是少數已知可以如鳥類一般發出雙聲[1]的魚類。

珊瑚礁的雀鯛尤其健談。牠們會用牙齒發出爆音，或是用肌肉震動魚鰾發出唧唧聲，而且還會不時發明新聲音。常見於印度太平洋海域的安汶雀鯛，近年開始發出一種像是雨刷刮過乾燥玻璃的聲音，也有人將這種聲音類比為鴿子咕咕叫的聲音。不過，無論怎麼描述，這聲音都和一般雀鯛發出的爆音和唧唧聲大相徑庭。珊瑚礁的競爭非常激烈，發明新聲音表示能特出於其他珊瑚礁魚類所發出的各種咕嚕聲、嘰嘰聲、嗓叫聲、噗通聲、鼓聲、啪噠聲與嗝聲。

一般認為，全年都聽得到的聲音，例如鸚哥魚的嗝嗝聲或雀鯛在白天的嘰

★ 1　雙聲：指同時發出兩個高低不同的聲音。

■ **吵雜的珊瑚礁**（上）
　喧鬧的珊瑚礁與雅克·庫斯托在《寂靜的世界》
　（Silent World）當中的描繪非常不同。

■ **新暗號**（右）
　安汶雀鯛原本就會發出唧唧聲和爆音，不過科學
　家近年發現，牠還會發出像是雨刷刮過乾燥玻璃
　的聲音。

嘰聲，應該與覓食和領土保衛有關。然
而，每年總有兩三個月，這些聲音會被
忙著求偶產卵的魚兒或是爭搶優勢的雄
魚發出的各種聲響所淹沒。

　　雌性的二色高身雀鯛和鳥兒一樣，
可以分辨出雄性同類發出的高頻聲響，
而雄魚則能辨識出離自己最近的競爭對
手，將牠和別隻雄性區分開來。每天早
上，牠們從夜間藏身地出來以後，公雀

鯛都必須重新宣誓自己的領土範圍。互
相呼叫可以讓每隻魚保持適當間距，避
免不必要的爭鬥。儘管如此，珊瑚礁居
民在清晨仍難免會吵架，還可能會變成
打架。當魚蝦開始用聲音互相攻擊，那
裡的海龜才剛醒來，準備開始作戰。

海龜岩健康水療中心

在任何大城市中，都能看到早晨尖峰時間的通勤族趕往他們的目的地，珊瑚礁大都會也不例外。浪費時間意味著覓食時間減少，不過對有些動物來說，每天早上的第一件事，卻是去健康水療中心走一遭。

一隻年老的雌性綠蠵龜從珊瑚礁下方游出來，牠躲在那裡睡了一晚，牢牢地固定著，以免自己呼吸時不小心浮上水面。不活動的時候牠可以閉氣好幾個小時，然而過了一晚，是該活動一下筋骨了，而且動作還得快點。牠想趁著周圍還沒有其他海龜出現，第一個抵達水

■ 遲到（上）
有一次，攝影團隊等了四個多小時，才看到海龜姍姍來遲地進入清潔站，而漫長的等待只是為了拍攝二十秒鐘的影片！

■ 海龜岩（右上）
當這個生意很好的清潔站出現競爭者時，平時溫順的綠蠵龜就會變得很有攻擊性。

療中心。

如果海龜的背甲上長滿海藻，或是身體的柔軟部位長了寄生蟲，牠的活動速度就會變慢，也會較不健康，比起沒有這些問題的同類會顯得更不利。因此這隻雌海龜才會前往水療中心，讓那裡的清潔魚處理一下。能夠慢慢游過去當然是最好，不過海裡的騷動已經喚醒了其他海龜，牠們都注意到了這隻雌海龜

正趕著去清潔。水療中心每次只能容納一隻海龜,所以比賽就開始了。

海龜岩位於馬來西亞婆羅洲外海西巴丹島的珊瑚礁上,是個世界知名的清潔站。這裡是非常特別的海底地標,岩石露頭(outcrop)的頂部有個嚴重磨損的空洞,那是世世代代的海龜來到此處進行清潔所磨出來的洞。第一隻抵達的海龜可以受到五星級待遇,所以水下攝影師羅傑·穆恩斯發現,海龜在排隊時也會發生一些摩擦:

「綠蠵龜是眾所周知的溫馴,不過當牠們想要在海龜岩享受清潔服務時,就不是那麼友善了。牠們會互咬,或用頭撞對方,好搶佔最佳位置,表現出相當的攻擊性。」

其他海龜擠了上來,紛紛咬了領先的那隻雌海龜的鰭肢,不斷為難牠。不過這些小動作全都徒勞無功:最早到就是最先清理的。雙色鰏從珊瑚礁的地穴游了出來;刺尾鯛滿懷期待地四處盤旋,準備好要服務當天的第一位顧客。雙色鰏負責處理寄生蟲與死皮,刺尾鯛則輕輕將覆在海龜背甲上的藻類咬掉。這樣的安排,讓魚兒輕輕鬆鬆吃了一餐,海龜則有光滑背甲與乾淨的皮膚,這種共生關係稱為「互利共生」(mutualism),也就是雙方都能從中獲利。這也是牠們在都會生活中獲得優勢的另一個方法。

自我治療的海豚？

在紅海北部的埃及外海，印度太平洋瓶鼻海豚設置了自己的健康俱樂部。珊瑚礁是海豚的庇護所，保護牠們免受鯊魚攻擊，還會照顧牠們的整體健康。海豚每天都會用沙子、卵石、海草和珊瑚磨蹭自己的身體，藉此進行清潔，而且牠們的使用方式也不是隨機的。

海豚用沙子、海草和軟珊瑚摩擦全身，而特殊部位則會使用特定的珊瑚和海綿。一般認為，海豚是用指形軟珊瑚和海綿來清潔頭部、下腹部與尾鰭，用質地較硬的石珊瑚來磨蹭胸鰭邊緣。我們現在知道，有些軟珊瑚（海扇與海鞭）和特定幾種海綿具有抗菌與抗真菌的特性，因此海豚很有可能是利用珊瑚來清潔身體，避免染上皮膚病與寄生蟲──可說是一種自我治療。這一點也突顯出，為什麼有些科學家會認為珊瑚礁可以成為二十一世紀的藥櫃。

成年珊瑚以及生長其中的海綿都是固著動物，牠們的身體緊緊固定在海床上。由於遇上危險無法逃開，所以需要能夠保護自己的化學防禦方式。這些化學物質或許也可以保護我們。科學家已經從加勒比海的珊瑚礁裡分離出抗病毒、抗癌、與消炎的試劑。一直以來，我們連想都沒想過可以往海裡找藥，但是像海豚這樣的動物，早就已經在利用珊瑚的藥用性質了，想想真是讓人嘆為觀止。而且，像這樣複雜的行為，並不僅限於腦容量大的鯨豚類。

■ **海豚醫生**（左）
　赫加達（埃及東部）的海豚群。
■ **海豚健康俱樂部**（右）
　1 排隊選珊瑚。
　2 用胸鰭邊緣磨蹭石珊瑚。
　3 幾乎全身都是這樣治療。
　4 尾鰭通常最後才處理。

聰明的魚兒

拂曉時分，一隻鞍斑豬齒魚已經抵達牠在澳洲大堡礁的工作坊，為了要在這個充滿挑戰的世界保持領先，牠選擇展現自己的獨創性。牠已經加入了一個條件限制嚴格的動物俱樂部，成員以哺乳動物和鳥類為主，牠們都找到了使用「工具」的方法。這隻鞍斑豬齒魚喜歡吃蛤蜊，會熟練地運用一種技巧，讓埋在沙子裡的蛤蜊暴露出來。牠不會直接向蛤蜊噴一口水，而是先遠離蛤蜊，將自己的腮蓋（gill cover）閉合再用力噴水，就如同蓋上一本書所造成的空氣流動一樣。接下來，牠會用嘴咬住蛤蜊，巧妙運用頭部和身體的動作，將蛤蜊砸在珊瑚上。牠的敲擊動作非常精準，不用多久，貝殼就會被敲破。然後，牠就

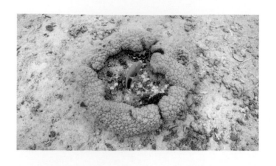

■ 珀西的城堡（上與下）
豬齒魚在這株微孔珊瑚裡有個礁塊，牠會不停地把蛤蜊帶回去敲碎。這株珊瑚自二○一六年開始白化，不過後來這座城堡漸漸復原。

可以一口把蛤蜊吞下，吃掉柔軟的肉，把貝殼碎片吐出來。

監製助理瑞秋‧巴特勒和水下攝影師羅傑‧穆恩斯在珊瑚礁上尋找鞍斑豬齒魚的活動蹤跡時，其中一隻特別引起他們注意。

「第一次發現那隻綽號『珀西』的鞍斑豬齒魚時，我們並不確定能看到什

■ 使用工具（上）

豬齒魚珀西每天都會游到很遠的地方採集蛤蜊，
然後帶回同一個地點敲開。

麼，不過沒幾分鐘，牠就找到一個蛤蜊，
叼著朝牠最喜歡的珊瑚礁塊游過去，在
那裡用力甩頭，把蛤蜊敲碎。雖然我們
有所預期，不過親眼看到的時候，瑞秋
和我仍然對這種驚人的表現相當訝異。」

「第一次看到魚使用『工具』，是很
讓人驚嘆的！」瑞秋補充道。「珀西每
天都會回到牠的『城堡』。牠是個頑強
的小東西，每天到處游好幾個小時，就
為了尋找蛤蜊，一個蛤蜊可能得在礁塊
敲上二十分鐘。」

珊瑚礁塊周圍散落著許多破碎的
貝殼，表示這隻豬齒魚會固定使用這個
「鐵砧」。更甚者，在整個大堡礁裡都可
以發現許多類似的破貝殼堆，表示這種
行為可能非常普遍。儘管豬齒魚利用礁

塊敲擊的行為相當醒目，不過在《藍色
星球二》開拍之前，這種行為在澳洲並
不常觀察到，這也是第一次有專業攝影
團隊將這種行為記錄下來。

這些足智多謀的豬齒魚是隆頭魚科
的成員，自從這些觀察結果報導出去以
後，也有其他類似的觀察陸續曝光。在
佛羅里達沿岸，黃首海豬魚會將扇貝砸
向岩塊；紅海一帶則有三種隆頭魚會將
海膽拖到自己的領域內，再用選好的岩
塊折斷海膽棘、敲開殼，以吃到裡面的
柔軟部分。

魚類一般智力並不高，不過要挖掘
蛤蜊或採集海膽，再用嘴巴咬住，帶到
一段距離以外的岩塊，像海獺一樣地把
殼敲開，這樣的動作需要某種程度的前
瞻性思考，對於魚類來說，可以說是一
件了不起的大事！

撿破爛的魚

魅力十足的小丑魚也愛展現牠們的進取精神。牠們以在家工作的方式來避免早上的交通尖峰，通常會待在大型海葵帶刺觸手的保護之下。許多珊瑚礁魚類在交配時，都是把微小的魚卵和精子釋放到大海中；不過小丑魚的作法不同，牠們的卵比較大，數量較少，在繁殖期間會築巢，並仔細照顧牠們小心翼翼產在珊瑚或岩石等堅硬物體表面上的魚卵。然而，用來產卵的堅硬物體並不容易尋找。如果被小丑魚當作庇護所的海葵剛好固著在柔軟的沙地上，那麼小丑魚就遇上問題了，而且是需要一些智慧才能解決的問題。

到了要產卵的時候，公小丑魚會離開安全的家，前往喧囂的城市尋找適合用來產卵的物體。牠會像拾荒者一樣，在城市街道上尋找各種廢棄垃圾，從沙錢（一種會鑽沙的海膽）到半個椰子殼，甚至錫罐與塑膠碎片。接下來，牠會將東西推回海葵那裡，儘管有些物品對魚來說並不是那麼容易運輸。這景象大大地娛樂了羅傑・穆恩斯和製作人喬納森・史密斯。

「這是我拍攝珊瑚礁期間最喜歡的角色，」喬納森表示，「羅傑已經跟我描述了這種行為，不過在我們第一次下水拍攝時，那隻公小丑魚從海葵游走，開

始推起一個椰子殼。牠坐在椰子殼裡，尾巴不停踢著，看起來好像在開一台椰子車。我嘴裡還含著循環水肺的咬嘴，差點因為發笑而嗆到。」

「我們很難專心拍攝需要的鏡頭，」羅傑回憶道，「因為那隻可憐的小丑魚試著推動對牠而言非常巨大的椰子殼，動作實在太好笑。我欽佩牠的韌性和毅力，不過他真的花了很大的力氣！」

最後，小丑魚終於把牠選中的物體帶回家，將物體靠在海葵底部，並仔細清理表面，讓魚卵能夠牢牢地附著在上面。等到時機成熟，母小丑魚和牠的伴侶就會啄咬離巢穴最近的海葵觸手，讓海葵將觸手收回去，母魚便有充分的空

■ 愛搜集的小丑魚（下）
1 小丑魚家族以柔軟沙地上的海葵為家。
2 牠們會尋找具有合適表面、在產卵時能讓卵附著的物體，不過有些物體實在太大了。
3 搜集到半個椰子殼，並設法推到家門前。
4 小丑魚在產卵受精以後，會有護卵的行為。

間將魚卵產在平坦表面上；公魚則緊跟在後，一邊讓卵受精。接下來，母魚就會離開去覓食，公魚留在原地，和重新伸出觸手並形成保護傘的海葵一起保護巢穴。

會將魚卵產在可移動「平板」的魚有很多種，小丑魚是其中之一。加拉巴哥環尾高身雀鯛甚至會噴出沙子，徹底清洗產卵地。牠們會含著滿嘴沙礫，一次又一次噴在選定的表面上。事實證明，魚兒其實比我們想像中來得有創意。

催眠般迷人的烏賊

　　儘管頭足類動物——章魚、魷魚和烏賊——在親緣關係上與不起眼的蝸牛相近，但牠們其實非常聰明，而且牠們還有皮膚這項祕密武器。頭足類動物的身上有各種不同的皮膚細胞，會受光線影響而有不同的交互作用。其中最明顯的是色素細胞，這種細胞可以在毫秒內膨脹收縮，讓動物表皮瞬間變色。有些圖案是用來偽裝，這是一種讓動物可以在任何背景中消失的技巧；其他圖案則是以溝通為目的，例如發出警告信號或求偶展示。不斷變化的體色圖案也可以用來欺騙獵物，白斑烏賊尤其善於運用這種技巧，牠們分布在印度太平洋海域莫三比克到斐濟的珊瑚礁。

　　烏賊的身體柔軟，容易被身上有硬甲的獵物，如螃蟹和蝦子的大螯弄傷。

因此為了獲得優勢，烏賊會迅速改變體表的圖案與紋理，在偽裝防禦與詭異攻擊之間不停變換。在獵食的時候，烏賊會將身體和腕足擺成弧形，以這樣的方式接近目標；中心則有一對盤起來的觸手，隨時準備發射。牠會跟蹤獵物，迅速地改變體表圖案，變化出一道迷幻的景象。黑白色的人字紋從頭部往下一直延伸到腕足，就像遊樂場的霓虹燈，這些甲殼類就會如受催眠一般在原地動也不動。此時，烏賊便射出觸手，將陷入迷惑的獵物固定住。晚餐就可以上桌了！

■ **造型變換專家**（上）
　白斑烏賊的外觀可以切換各種顏色、紋理與形狀，只需要幾秒就可以完成改變。
■ **催眠師**（左）
　將獵物催眠以後（照片中是螃蟹），烏賊會從八隻腕足的中心快速射出一對伸縮觸手，用末端的吸盤將獵物吸住。

巨人出沒的地方

■ 渦流覓食（上）
　一群以浮游生物為食的鬼蝠魟，繞著圓圈旋轉，藉此製造出能將食物集中起來的漩渦。
■ 縱隊排列（右）
　一群鬼蝠魟排成縱列覓食，依序向下俯衝。

　　並非所有在珊瑚礁見到的動物都是永久居民。許多動物來來去去，牠們通常是受季節性的食物資源吸引，其中最引人注目的群集，是馬爾地夫的鬼蝠魟。

　　哈尼法魯灣的珊瑚礁形成一個漏斗狀的潟湖，與足球場差不多大小。漲潮時，大量浮游生物會隨著潮水進入潟湖。才剛滿潮，就有幾隻鬼蝠魟先到來，接著數量越來越多，最後總共可以容納兩百隻同時在此覓食。

　　這裡大部分是阿氏前口蝠鱝（reef manta ray），不過也有少數的雙吻前口蝠鱝（oceanic manta ray）混雜其中。兩種鬼蝠魟都是濾食動物，牠們會向下游經這碗浮游生物湯，頭頂兩側的角形頭鰭可以將食物引灌入牠們有如信箱的大嘴裡。

　　這是場優雅的水下芭蕾。有些鬼蝠魟會先俯衝而下，然後翻個圈子，一邊舀起浮游生物。其他隻則會掠過海床，與沙子只相距幾公分；還有少數會把目標放在海面聚集的浮游生物。有時候牠們也會一起覓食。當浮游生物變得密集，許多鬼蝠魟會排成一長列，在狀況特別好的時候，會有超過五十隻盤旋而上，進行「漩渦覓食」（cyclone feeding）。牠們以緊密的隊形繞轉，製造出漩渦，將食物集中在一起，再用牠們的大嘴一口將食物吸入。食物夠多的時候，一隻鬼蝠魟可以在一天之內吃下二十七公斤的浮游生物；如果資源非常優渥，就連鯨鯊也會加入牠們的行列，一起享用大餐。這些魚的體型都很大，胃口自然也很好。哈尼法魯灣確實是個巨人出沒的地方。

夜晚的珊瑚礁

珊瑚礁就如同任何一座大城市，不眠不休，不過它的居民還是要輪流睡覺。夜幕一降臨，日行性成員就會尋找掩護，其中有些居民非常有創意。鸚哥魚會找到安全的淺岩縫，用口中吐出的黏液做成睡袋將自己包起來。這種睡繭有兩個目的：可以做為預警系統，也可以是圍阻艙。若是裸胸鯙前來拜訪，一碰到黏液，鸚哥魚馬上可以逃出去。這個睡繭也可以避免體味漂到珊瑚礁上，吸引夜間覓食的掠食者群體，以及鯊魚這類獨行殺手。

獨自活動的鼬鯊會在滿潮時從大海游過來，鈍吻真鯊依次在深水淺水區的交界巡游，狂暴的烏翅真鯊群掃視著水位較淺的礁灘，珊瑚丘之間還有一群群的灰三齒鯊。灰三齒鯊的目標通常是在夜間覓食的金鱗魚與一種體型相對較小、長著大眼的銀橘色鋸鱗魚。不過除了灰三齒鯊以外，牠們也得要注意另一種夜行性掠食者。

博比特蟲是一種體長約一公尺、具有彩虹色的可怕蠕蟲。日本還曾經發現長達三公尺、重達四公斤的這種珊瑚礁彩虹怪獸。牠們的奇特名稱據說來自博比特夫婦的故事，由於先生出軌，太太為了報復，便切斷了先生的陰莖。這是

在形容博比特蟲那強而有力的顎。

博比特蟲是一種埋伏掠食者，生活在海床上布滿黏液的潛穴裡；牠在洞穴裡靜靜等待，隱藏在沙礫之下，只露出五個觸角。當牠的感官被觸發時，就會從洞裡飛快射出，瞬間將咽部翻出來，露出那一對剪刀般的顎，和鋸齒形的勾狀附肢。牠的攻擊又快又猛，可以將一條小魚切成兩半。牠會將獵物拖入沙子底下防止逃走，並且，以防萬一，牠會在獵物身上注射毒素，使之死亡或癱瘓。

面對如此殘酷無情的掠食者，受害者顯然無能為力，不過至少有一種動物懂得反擊——烏面赤尾冬。牠們會集體圍攻博比特蟲。如果牠們找到博比特蟲的巢穴，就會在上方垂直盤旋，頭部朝下用力把水吹進洞中；過沒多久就會有其他赤尾冬加入這場攻擊。博比特蟲會因感官不堪負荷，整個縮進洞穴深處，直到魚兒離開。

■ 睡袋（右上）
鸚哥魚過夜時會將自己用保護性黏液包起來。
■ 殺手蟲（左下）
博比特蟲露出頭部與強有力的顎，靜靜在沙裡等待。
■ 圍攻（右下）
幾隻烏面赤尾冬一起驅趕博比特蟲，以噴水的方式讓博比特蟲無法反抗。

撞頭一族

夜晚出門在外晃蕩是很危險的,就如正在發展中的城市必有禁區,珊瑚礁也有許多區域最好要避開;然而,許多珊瑚礁居民都選擇在夜間繁殖,有時候還會選在最沒有遮蔽的地方。日行性海洋動物的繁殖往往受到月亮相位的影響,牠們會從夜間藏身處冒出來,讓自己置身險境,只求後代能有最美好的開始。

由於競爭激烈,形形色色、數量龐大的掠食者也來到珊瑚礁,不過諷刺的是,最適合下一代發育成長的地方其實是相對安全的開放海域。那裡同樣也有掠食者,不過沒有那麼集中。還有一個好處是,洋流有時候會將幼魚帶到更好的地方。因此,參與產卵活動的珊瑚礁居民,會盡力確保受精卵與幼魚能夠被帶離擁擠的珊瑚礁區域。

大約滿月前後,在西巴丹島一帶生活的隆頭鸚哥魚群,會在黎明之前集體從夜間藏身的洞穴或沉船冒出來,並聚集在珊瑚礁邊緣,也就是陡峭的珊瑚懸崖與深水區的交界處。這裡是珊瑚礁晚上最危險的地方,當地的鈍吻真鯊會出沒。然而,這些隆頭鸚哥魚似乎對危險不以為意,因為這裡是最適合讓牠們的

■ 衝車（下）
雄性隆頭鸚哥魚的前額有一塊硬化的突起,功能類似於大角羊的角。

■ **隆頭鸚哥魚**（上）
　黎明時分，一群雄性隆頭鸚哥魚聚集在西里伯海
　上西巴丹島周圍的淺水珊瑚礁區。

受精卵流入開放海域的地點。

　　雄性隆頭鸚哥魚靠著頭部的特化構造爭奇鬥豔，爭取成為最優勢的魚。牠們的前額有一大塊骨質隆起。不但在覓食的時候可以用來敲破珊瑚，也可以拿來和其他公魚撞頭比試。隆頭鸚哥魚會先打上一場，然後才播種。牠們可說是活生生的衝車，公魚要爭奪與母魚交配的權利時，就會像大角羊一樣參加撞頭比賽，以決定出誰是最強壯、最健康的公魚。牠們的頭上甚至有類似羊角的垂直骨脊，而且公魚的力氣也挺大的。牠們相互撞擊起來非常有力，即使有段距離，還是可以在水底清楚聽到「啪」的一聲重擊。隆頭鸚哥魚是目前已知唯一一種會使用身體特化構造進行這類攻擊對撞行為的魚類。

　　當一對公魚和母魚離開魚群，面對面游向離海面一公尺處，背後混合著牠們的精子和卵子，婚禮也在這時候達到了高潮。受精卵隨著洋流漂走，很快就會孵化成幼魚，並以海面浮游植物為食。數週以後，幼魚會前往近海地區，進入紅樹林與海草床生活，在那裡發育成長，最後再回到珊瑚礁度過餘生。

南航道的埋伏

在法屬玻里尼西亞的法卡拉瓦環礁，產卵是件更加熱鬧的大事。每年到了七月滿月之際，成千上萬的清水石斑魚會前往南航道（South Pass）——寬僅一百公尺，深三十公尺，連接著中央潟湖與開放海域的一條狹窄水道。每天兩次，海水隨著漲潮從窄航道注入潟湖，然後又隨退潮排出。這裡是清水石斑魚集結產卵的地方。其中，母魚體積明顯較大，因腹部儲存大量魚卵而顯得腫大。

一開始，會先有幾對配偶突然加速游開，釋放牠們的卵子與精子，然後，

好戲上場！退潮之際就是這場活動的高峰，成千上萬的清水石斑魚幾乎在同個時間產卵，海水也因此成了一片濃密白霧。受精卵被強力的洋流沖入大海，然而，這個大規模產卵活動也是當地鯊魚一直在等待的機會。

數百隻鈍吻真鯊一齊湧入窄航道。牠們之所以來到這裡，是因為石斑魚完全專注在產卵上，可以輕易地捕捉。牠們會快速游入潟湖，趁忙著產卵的石斑魚還來不及逃開之前趕緊狩獵。鯊魚會在目標衝向海面時閃現而出。大型的黑邊鰭真鯊與尖齒檸檬鯊則是從大海游過來，加入這場爭戰，真是一場大騷動！

■ 瘋狂獵食（下）
在法卡拉瓦環礁獵食產
卵魚群的鈍吻真鯊。

甚至連無溝雙髻鯊也跑來湊熱鬧，獵捕那些正在捕食石斑魚的鯊魚。

這裡為什麼會有這麼多鯊魚，是生物學的一個謎團。這些體長兩公尺的鈍吻真鯊，全年平均約有六百隻在這一帶活動，不過數量隨季節改變，從夏季的兩百五十隻，到冬季的七百隻。這裡是世界上鈍吻真鯊密度最高的地方，而這裡的食物應該不足以維持這個數量才對。

研究鯊魚的科學家估計，這個族群每年需要九十噸的食物才能保持健全，但是當地的食物資源只有十七噸左右。因此在一年中大部分時間，這些鯊魚都必須到通道以外的地方覓食。不過，冬季的一兩個月裡牠們沒有離開，而是靜靜待在那裡等待清水石斑魚。

超過一萬七千隻清水石斑魚好像雜貨店的送貨車一樣，全都聚集在通道這裡。牠們來自法卡拉瓦環礁與周圍島嶼的各個角落，有些甚至游了將近五十公里。這代表了三十噸的食物資源突然湧入。即使在石斑魚離開以後，鯊魚還可以將注意力移轉到刺尾鯛、鸚哥魚，以及其他聚集在此產卵的魚類。這些珊瑚礁魚類能補足鯊魚的正常飲食，便解釋了為什麼會有這麼多的鯊魚聚集在這裡。

法卡拉瓦環礁之所以特別，是因為這裡沒有過度捕撈的問題。在此捕撈珊瑚礁魚類維生的漁民只有十位，而且因為法屬玻里尼西亞人尊崇鯊魚，所以牠們也受到保護，石斑魚族群也得以維持健全。值得注意的是，在因過度捕撈導致石斑魚在內的魚類族群減少的珊瑚嶼周圍，鯊魚族群同樣也受到傷害。當然，許多地方的鯊魚是因為濫捕魚翅而造成數量下降，不過這個研究顯示，只有禁捕鯊魚可能不足以保護牠們。這些群聚產卵的珊瑚礁魚類同樣也必須受保護。沒有牠們，就不可能有這麼多鯊魚，而鯊魚對珊瑚礁群落的健康至關重要。

珊瑚礁面臨的問題

珊瑚礁上最重要的動物，是造礁珊瑚的珊瑚蟲（coral polyp）。沒有牠們，就沒有珊瑚礁。牠們是種體型非常小且柔軟的無脊椎動物，外觀與牠們演化上的表親海葵非常類似，只不過是迷你版的。珊瑚蟲的底部會分泌一層硬質的碳酸鈣，這也是珊瑚礁的基本結構。如果沒有這些小傢伙，無數生物將無家可歸。

珊瑚的存活十分仰賴陽光與清澈溫暖的海水。珊瑚蟲也需要陽光，因為牠們的身體組織內有許多共生的單細胞渦鞭藻，叫做蟲黃藻。蟲黃藻行光合作用製造養分，提供珊瑚蟲百分之九十的能量來源，其餘的百分之十則來自珊瑚蟲觸手捕捉到的食物微粒。若非身體裡的迷你住客，珊瑚蟲的成長速度就不可能足以建立並維持今日所見龐大珊瑚礁的結構，儘管如此，「珊瑚蟲一蟲黃藻」

■ **大災難**（下）
澳洲大堡礁蜥蜴島的軸孔珊瑚已經發生白化。

其實是非常脆弱的共生關係。

如果珊瑚蟲長時間受到環境改變的壓力，例如水溫大幅度變暖或變冷、汙染、或受到河流沖積物掩蓋導致窒息，牠們就會排出蟲黃藻，這樣的過程稱為「白化」。如此一來，珊瑚就會變成白色，因為珊瑚的顏色來自於蟲黃藻體內能捕獲陽光的色素。白化的珊瑚不一定是死的，牠們還可以在高溫環境短暫存活，然而，若是長期處於高溫，珊瑚就會永久白化，而後死亡。珊瑚通常生活在稍低於引起熱緊迫（thermal stress）的環境中，因此非常容易受到氣候變遷與珊瑚白化的影響。

根據澳洲大堡礁海洋公園管理局的說法，大堡礁目前正深受史上最嚴重白化事件的衝擊。大堡礁北側有百分之九十五的珊瑚遭到破壞，其中包括豬齒魚珀西的家。

「讓人心碎的是，」瑞秋‧巴特勒回憶道，「拍攝完大堡礁的幾個月後，我們聽說一整片珊瑚礁白化的消息，其中包括珀西的城堡。這讓我們不得不承認，我們的海洋，尤其是珊瑚礁，著實

「讓人心碎的是，拍攝完大堡礁的幾個月後，我們聽說一整片珊瑚礁白化的消息，其中包括珀西的城堡。」——監製助理 瑞秋·巴特勒

是非常脆弱且珍貴的。」

研究人員優蘭·波席格（Yoland Bosiger）尤其為此感到痛心。「我在道格拉斯港長大，因此，當時接到電話跟我說大堡礁北側的蜥蜴島正在經歷數十年來最嚴重的白化事件，真的讓我相當震驚，那是我為這部影集工作期間最糟糕的一天。重點是，我們對

■ **白化前的珊瑚**（上）
在一連串的大規模白化以後，大堡礁部分區域會越來越難拍攝到未白化的珊瑚。

這些珊瑚仍然不太了解。我在蜥蜴島潛水超過五百次，不過一直要到我們為《藍色星球二》尋找特殊的動物行為，我才發現珊瑚礁的石斑魚會定期與章魚一起狩獵；還有一隻豬齒魚就

■ **暖化的海洋**（上）
　在道格拉斯港尋找尚未白化的珊瑚。

在我曾經進行研究的那塊珊瑚礁上使用工具。這都尤其讓我感到，我們對珊瑚礁的了解太少，尚待發掘的還有太多太多——當然，這都是在珊瑚礁能夠存活下去的前提下。」

　　儘管珊瑚非常脆弱，卻有著極強的適應力，可以從重大的變化當中恢復。然而，現在的珊瑚卻要經常承受環境變化，今天是熱浪和氣旋，隔天是棘冠海星大爆發——這對珊瑚來說是處以凌遲之刑。我們已經知道，珊瑚礁是海洋的藥典。如果我們失去珊瑚礁，二十一世紀的藥櫃就會變得越來越貧瘠。

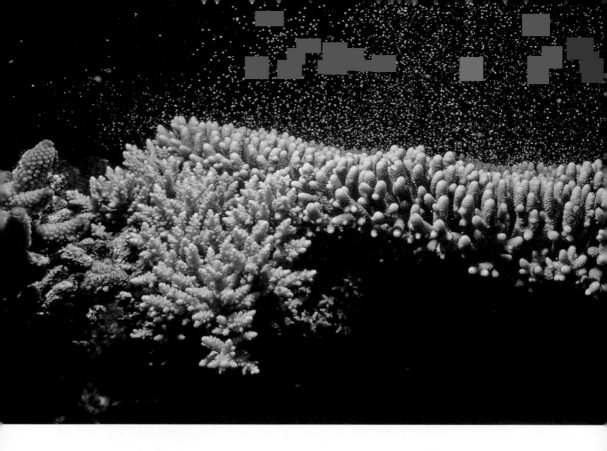

上下顛倒的暴風雪

相較之下，二〇一六年的珊瑚白化事件對澳洲大堡礁南側的影響較小，這裡的珊瑚得以繼續完成牠們的年度週期產卵活動。滿月後的某天晚上，在水溫升高之際，牠們作好準備，一同呈現出最壯觀的海洋生物表演。

在理想條件下，珊瑚是非常豔麗的一種動物；不過在這個世界最大規模的產卵事件期間，牠們甚至可以更上一層樓。每隻參加演出的珊瑚蟲會將一小包卵子或精子釋放到水中。看起來就像一場暴風雪，只不過雪是往上飄，而且不只有白色，還有紅色、黃色、橘色。這些一小包一小包的精子與卵子，會慢慢浮上去，然後在水面結合受精。

優蘭・波席格在大堡礁擔任潛水長與海洋生物學家期間，曾經多次觀察這些大規模產卵事件，每一次看起來都比上一次要讓人印象深刻。在拍攝《藍色星球二》期間，她和攝影團隊親眼目睹了一次特別壯觀的產卵。

「水裡產卵數量之多，我只能隱約分辨出在我下方一公尺處攝影師的輪廓。這真的很像身處於一場伸手不見五

■ **色彩繽紛的暴風雪**（左上）
　　大堡礁的許多珊瑚都會在同一天夜晚同時產卵，
　　產卵時間通常受到海水溫度、潮汐與月相的引導。
■ **珊瑚產卵的高潮**（右上）
　　珊瑚會讓同步釋放精子與卵子，使其隨海水漂走。

指的暴風雪之中。」

　　這種產卵事件可以持續好幾天，不同物種會在不同日子產卵，避免雜交，也可能會依據地點而在不同月分發生。所有近岸珊瑚礁都會在十月的第一個滿月產卵，較外圍的珊瑚礁則在十一月與十二月爆發；產卵事件的主要刺激因素為月相變化和溫度，不過也會受到日照長度、海水鹽度與潮汐高度的影響。

　　卵子受精以後會發育成珊瑚幼蟲，稱為實囊蚴（planula）。實囊蚴就如魚苗，會被帶到開放海域，隨著洋流漂浮，直到牠準備固著為止。等到抵達礁石以後，牠必須準備好和礁上其他居民競爭。實囊蚴的第一個挑戰，就是找到合適的礁石來附著，而引導牠的其中一個線索，就是珊瑚礁居民在清晨和黃昏的大合唱。

歸鄉

科學家發現，那些自由游動的珊瑚幼蟲、幼魚、螃蟹與龍蝦的幼苗從開放海域回來的時候，可以運用礁石的聲音來選擇和定位出一個適合定居的地方。

幼蟲可能偵測得到成魚與其他礁石上的無脊椎動物（如槍蝦、海膽）活動的聲音，這些聲音可說是牠們返鄉的燈塔，甚至可能深深印記在牠們身上。小丑魚在還是胚胎的時候，會有整整一週的時間對聲音做出反應，因此牠們被沖入開放海域之前，可能已經發展出對珊瑚礁家鄉的「記憶」，也就是對牠們父母親生活並成功繁殖的地方有了印象。在接近具有類似音景（soundscape）的珊瑚礁時，這個記憶就成了一種指示，表示這是正確的地方。珊瑚礁的聲音也會引發游泳行為的改變，以及讓幼蟲在身體構造與生理層面變成準備在珊瑚礁定居的形式。

抵達礁石以後，有些魚就會開始自己發出聲音。就像世界各地的年輕人一樣，幼魚特別聒噪。舉例來說，年輕的灰笛鯛會發出和父母親類似的「敲擊聲」和「咆哮聲」。合唱通常發生在晚間，因此一般認為這是讓灰笛鯛幼魚彼此待在一起的方法，年幼且脆弱的幼魚集結起來，在群體中尋求保護。

這種倚賴聽覺線索的缺點，在於人類製造的聲音，例如船舶引擎、汽艇、打樁機和風力機等發出的噪音等，可能會干擾到幼蟲、幼魚尋找適居珊瑚礁的能力。不過也有一個好處，科學家可以扮演吹笛人，在水底下播放相關聲音，吸引幼蟲到已經白化的珊瑚礁，例如大堡礁北側，幫助這些珊瑚礁復原。

無論如何，科學上讓人興奮的是，幼魚可以聽到同類的聲音，而不是掠食者的；或是牠們可以透過礁石的聲音來評估其特質，並藉此影響牠們在特定地點定居。在過去，科學家認為幼魚可以在礁石定居純屬運氣，顯然，並非如此……這些幼魚對自己的命運掌有很大的控制權。

第四章

綠色海洋

■ 巨藻島（左）
　來自海藻林的仔稚魚隨著從近岸海藻林扯下來的
　海藻，漂流出海。
■ 海藻林（前頁）
　舊金山一帶海岸邊的海藻林，有許多仔稚魚躲藏
　在葉狀體之間。

　　我們常把熱帶雨林比做地球的肺臟，然而事實遠不只如此，海洋在調節大氣層氧氣與二氧化碳含量所扮演的角色其實更為重要。包括浮游植物在內的海洋生物，製造了地球上將近一半的氧氣，而且吸收了自工業革命以來，人類所排出約三分之一的二氧化碳。高達百分之七十的二氧化碳，被吸收並儲存在海草床、鹽澤和紅樹林中，或者被海藻林回收；然而這些眾人口中的「藍色森林」，卻只佔了地球不到百分之〇‧五的表面積。它們的面積也許很小，卻對地球健康有著舉足輕重的地位。但是它們現在正面臨危機。升高的海平面與沿海地區的廣泛開發（只說這兩種壓力就好），在在威脅著地球另一個肺臟。聯合國教科文組織（UNESCO）已提出警告，這些現象將會擴大現有的環境壓力、危及糧食安全、引發資源衝突，並導致數百萬人喪失生計。每一片海藻林、紅樹林沼澤、海草床，以及浮游植物的健康興盛，對我們，以及對地球上其他生物都是至關重要。

裝甲章魚

　　非洲南部的大西洋沿岸是地球上生產力最旺盛的區域之一。這個地區受到朝北流動的本格拉洋流影響，本格拉洋流是受東南信風驅策而形成的主要洋流。東南信風能形成湧升流，因此對這個區域的海洋生物非常重要。信風吹撫的方向與海岸大致平行，不過由於科氏力，水流淨移動（net movement）的方向與信風恰成直角，在南半球會往左邊流，在北半球則會往右邊流。這也就表示，這片海岸的表面海水會被推向近海，而位於兩百至三百公尺深的海床，富有營養又冰冷的海水則湧上海面取而

■ **褐藻裝甲**（下）
真蛸用褐藻葉狀體將自己的身體包起來，以尋求保護。
■ **頭號掠食者**（右下）
帶紋長鬚貓鯊是南非海藻林的一種鯊魚。一有機會，牠就會捕食章魚。

代之。這個近岸的湧升洋流促進了浮游生物的成長，也支撐了從非洲南端阿古拉斯角以東，一直延伸到納米比亞，由大型褐藻構成的整片海藻林。

　　據估計，本格拉湧升流系統在高峰期的生產力可以達到全球海洋平均的六十五倍，所以這個營養豐富的環境足以支持規模特別龐大的海洋生物族群。

　　科學家計算出，這裡的生物量大約是每平方公尺五十公斤，相較之下，非

洲的塞倫蓋提地區每平方公尺只有五公斤。這裡有地球上最豐富的初級生產者，可媲美集約耕地與熱帶雨林。由於食物資源豐富，這些茂密的海藻林有著數量驚人的各種鯊魚和魟魚，還有一種特別具創造力的章魚。

真蛸章魚在世界各地海域皆有分布，可能是人們研究最透徹的一種章魚。牠們也被認為是最聰明的動物之一，畢竟牠們有五億個神經元，與家犬相當，而且多分布於高度靈活的腕足，比腦部還多，因此賦予了牠們獨特的感官能力。南非製片人克雷格‧弗斯特發現，真蛸非常懂得善用這個特點。過去三四年間，弗斯特常看到真蛸離

巢獵食，不過偶爾也會觀察到少了幾隻腕足的個體，這可能是遇上海豹或鯊魚的結果。

在南非的海藻林裡，海狗經常會捕捉真蛸；另外也有幾種鯊魚會獵食牠們，例如生活在海藻林底部、魅力十足的帶紋長鬚貓鯊，以及體長三公尺、在林冠層集體覓食的油夷鯊，其群體數量可達十八隻。除此之外，大白鯊也是真蛸的掠食者之一，因此牠們必須相當聰明，才能在這個鯊魚熱點中生存。

真蛸的第一道防線是隱身術。牠們可以評估海床的顏色與結構，再讓體色融入其中。色素細胞與皮膚中特化肌肉形成的網絡，就有如數位電視螢幕

■ 堅硬的盔甲（上）
章魚以閃電般的速度搜集貝殼與卵石，
馬上製造出盔甲。

的像素，讓真蛸可以瞬間改變體色和紋理。牠們的第二道防線是噴墨，墨汁不但能讓身形模糊，也可能會破壞掠食者的感官。如此一來，牠們就能從虹管（siphon）噴水，讓身體向前噴射，躲到敵人進不去的狹小隙縫裡。此外，章魚也可以犧牲一隻腕足，讓掠食者咬走，畢竟腕足長得回來，而頭部被咬一口就可能致命。上述所提，大致上適用於所有章魚，不過南非地區的真蛸還有另一種防禦手段，一種能夠保護頭部的方法。

「每天在海藻林潛水潛了兩年以後，」克雷格解釋道，「我看到了一個奇怪的景象，一隻倚身海床的大章魚，身上包著大褐藻的葉狀體。這隻章魚少了一隻腕足，牠的周圍有幾隻帶紋長鬚貓鯊徘徊，不過都沒能打破厚厚一層褐藻的保護。章魚把腕足交疊在牠脆弱的頭部上，吸盤朝外，牢牢將褐藻葉狀體固定住。鯊魚離開十分鐘以後，章魚在褐藻上開了一個小縫，以便朝外窺探。確定鯊魚群走了以後，牠便把褐藻丟掉，躲進一個狹窄洞穴。

「後來，一隻大型雌章魚已經習慣了我在那裡，便開始忽略我，自在行動。某次牠出去打獵時，被一隻貓鯊攻擊，

■ **大型褐藻的防禦**（上）
　法爾斯灣的章魚是目前唯一觀察到會以大型褐藻或貝殼來保護自己的章魚。
■ **若隱若現**（右上）
　對章魚來說，比較傳統的防禦方法是改變皮膚的紋理和顏色，讓自己融入背景之中。

我有幸目睹牠使用平常的防禦戰術——偽裝和噴墨。戰術失敗以後，牠做了一件非常不得了的事。轉眼間，牠用吸盤抓住身邊六十多塊貝殼和石頭，馬上製作出一副能蓋住頭部的盔甲。牠甚至懂得調整腕足，使之緊緊圍繞身體，藉此消除身上縫隙。」

　克雷格也看到，如果這個行為仍然無法擺脫侵略者，牠就會捨棄盔甲，像直升機發射熱誘彈一樣，留下一口貝殼碎片給鯊魚，並迅速噴出墨汁，趕緊逃跑。「我意識到自己發現了科學界前所未知的動物行為——這些章魚逃離掠食者的方法。」

　因為《藍色星球二》，克雷格與水下攝影師羅傑·霍羅克斯（Roger Horrocks）成了最早拍下這種行為的人。不過就在克雷格找到他的發現以後沒多久，他又察覺了更具災難性的事情：當地一間漁業公司專門捕捉這種章魚，數量高達數百噸。

　「章魚被捕以後，」他指出，「會被關在伸手不見五指的籠子裡，餓上很多天。對這麼聰明的動物來說，這完全就是虐待。待船隻抵港，牠們就會被拖到陸地宰殺、賣出；相較於漁業對海藻林生態系帶來的危害，捕章魚帶來的經濟利益完全微不足道。」

過猶不及

這片海岸的高生產力，尤其是納米比亞沿岸，有時也會有壞的一面。除了湧升流以外，河川也是另一個營養來源，但是過猶不及。河川也可以帶來死亡。農業逕流（run-off）可能會將過多的肥料帶入海洋，造成浮游植物過度生長，這對浮游動物和魚類來說，是名符其實的盛宴。然而，如果食物比魚類能吃掉的量多出太多，或是這些以浮游生物為食的魚類因過度捕撈而大幅減少，又會是什麼狀況？這最終會導致海中出現大量的死亡浮游生物，接著牠們腐爛，細菌出現將氧氣耗盡。然後是厭氧

細菌登場，它們會製造硫化氫並累積在海床上，直到噴發，殺死所有在過度捕撈和低氧環境中倖存下來的魚類。這是三重打擊。

當地漁民知道這類大規模死亡會在何時發生，因為整個村子都會瀰漫著硫化氫的「腐蛋」氣味。美國太空總署則是可以從地球軌道上的衛星觀察到相關跡象。無論如何，這都表示整個村莊面臨挨餓，海藻林也會失去住民與前來拜訪的魚類，進而影響整個生態系統。

巨人生長的地方

大型褐藻對生活環境的要求很高，條件必須恰到好處。它們通常出現在溫帶與極地的清澈淺海，水深很少超過四十公尺，位於湧升流帶來豐富養分之處；而且最重要的是，水溫不高於攝氏二十度。北美洲太平洋沿岸的環境可以滿足這些關鍵條件，這裡也是全世界海藻林分布最廣的地區，從北方的阿拉斯加一直延伸到南方的下加利福尼亞州（Baja California），而且這片海藻林是由地球上最大的大型褐藻種類組成。

這片海藻林北段的高緯度地區，以大葉囊藻為優勢種，最多可以長到三十五公尺。這種海藻是一年生藻類，會在冬季風暴期間被摧毀，不過秋天時

■ **太平洋的怪物**（上）

打獵的北太平洋巨型章魚。除了一般的螃蟹和龍蝦以外，牠也可以捕捉小型鯊魚，例如白斑角鯊，也有人看過牠捕捉海鷗。

它們會在垂死的殘餘旁邊留下一片孢子，讓新長出來的海藻可以附著在正確的基質（substrate）上，到春天就能於同一個地點生長。如同多數的海藻林，頭足類動物在這裡很常見，而北太平洋巨型章魚就是這裡體型最大的物種。

北太平洋巨型章魚的臂距可達九‧八公尺，體重可達一百三十六公斤，能與深海的異夫蛸爭奪「世界最大章魚」的頭銜。牠真的讓監製助理約翰‧錢伯斯（John Chambers）留下了深刻印象。

「北太平洋巨型章魚似乎與其他動物非常不同。牠可以改變體型、體色與

「在我們的眼睛適應了以後，就會發現一隻靜靜不動的章魚，隱身在礁石上，你可以在章魚腕足間的膜下看到螃蟹這類動物的清楚形狀，正等著章魚享用。」
——監製助理 約翰·錢伯斯

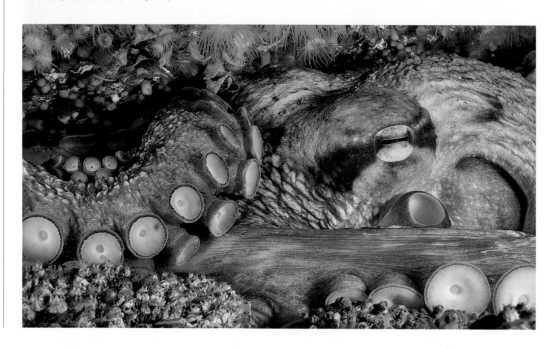

紋理，而且能擠過任何一個不比眼睛或嘴喙來得大的地方。我們看著牠在岩壁上攀爬，形成完美的偽裝，偷偷摸摸地跟蹤牠的獵物。等牠離獵物夠近，就會以驚人的速度撲過去，像帳篷一樣地把獵物包起來，同時身體閃著亮白色，彷彿被激怒了一樣。

「大多數時間，我們都看不到獵物，我們只得假設牠們躲在岩石底下。在我們的眼睛適應了以後，就會發現一隻靜靜不動的章魚，隱身在礁石上，你可以在章魚腕足間的膜下看到螃蟹這類動物

■ **巨藻**（右）
加拿大的英屬哥倫比亞地區沿岸，大葉囊藻的葉狀體形成了林冠層，下方有成群穿梭的黑晴平鮋。

■ **巨人的巢穴**（上）
北太平洋巨型章魚在海藻林的礁石裡有固定的藏身處。

的清楚形狀，正等著章魚享用。

「我們還不太會找章魚的時候，曾有一次在他們的巢穴看到章魚被加州海獅用力搖晃的情景。我們以為：『這下子好了，我們的明星死翹翹了。』不過我們潛下去以後才發現那隻章魚還在。海獅顯然比我們還會找章魚！」

海藻林的小動物

在北美太平洋沿岸的南段,有一種體型甚至更大的褐藻物種,就是梨形囊巨藻,一種每天可以長五十公分的多年生藻類;其高度可達六十公尺,壽命可達十年。梨形囊巨藻是地球上生長最快速的生物之一,也是世界上最大型的褐藻。

梨形囊巨藻就和其他大型褐藻一樣,乍看像一棵樹。它以附著根(holdfast)做固定[1],隨著樹幹般的莖,朝海面生長,並倚賴氣囊產生浮力。其頂部為分支生長的片狀葉狀體,如同樹的葉子一般。而藻類和樹木的相似性還不止於此。

海藻林與熱帶雨林有類似的分層——林冠層、林下層與地被層。若是水位比海藻高度還低,金棕色的葉狀體就會散布在海面,形成沐浴在陽光之下、緻密的林冠層,不過這也遮蔽了下層陽光。體型較小的褐藻位於林下層,而顏色相對較深的海底覆蓋著一層低矮的紅色與綠色海草。就如熱帶雨林,不同層次也有不同的動物群體生活其中。

麥稈蟲是端足類動物,牠們非常

纖弱,幾乎隱身在葉狀體之間,糠蝦、北美磯蟹,與加州黑鐘螺也生活於此。林下層有許多魚類棲息,例如平鮋與羊鯛。海床則是由海膽與海星佔據;而褐藻的附著根也是超過一百五十種小型無脊椎動物的庇護所,非常適合躲藏。一項調查顯示,在塔斯馬尼亞[2]一帶,光是五株梨形囊巨藻的附著根所覆蓋的區域,就有兩萬三千個生物個體生存其間。

這些小動物有很多是長住在大型褐

---

[1] 附著根不是真正的根,而是能抓住海床岩石、有如手指的凸起物。
[2] 塔斯馬尼亞是澳洲南部的一個島州。

藻之間，有些則來來去去，在此覓食、產卵，或讓後代暫居以求安全的生長空間。這使得海藻林成了海洋中最具季節生產力、也是生物多樣性最豐富的棲息地。一般來說，南非的海藻林具有高生產力，而太平洋東北這一帶的海藻林則以生物多樣性見長。例如，這裡有一種很特別的裸鰓類動物（即海蛞蝓），具有不同於其他種的覓食系統：牠不用舌頭將岩石上的海藻刮下來，而是以一種稱為口笠（oral hood）的構造來進食。

　　這種獅鬃海蛞蝓會把自己牢牢固定在大型褐藻的葉狀體上，以小型甲殼類動物為食，如橈足類。牠們進食時會將口笠張大，使之像網子一樣往下掃，把

■ 愛爬巨藻的螃蟹（上）
　有好幾種蜘蛛蟹以大型褐藻為家，牠們會在莖葉上緩慢而靈巧地活動，有些甚至以褐藻為食。

獵物困住後就立刻關上口笠，再用周圍的觸手將獵物送到口中。有些魚類，像是短鰭海鯽、大口副鱸與大吻異線鯣，會在林冠層徘徊，試著捉牠們來吃。而牠們對付攻擊者的方法，是把自己的指狀露鰓（cerata）黏上魚背，其末端會分泌一種黏液，牠們也會不斷蠕動，藉此分散魚兒的注意力，甚至把魚兒趕走，獅鬃海蛞蝓就能成功逃脫。有時候，牠們還可以報仇。如果有小小隻的副鱸幼魚進入海藻林，牠們就會捉來吃掉。

森林之夜

每到夜晚，一種特別讓人背脊發涼的魟魚就會出現在海藻林——這裡指的是太平洋電鱝。這種魚身上有些肌肉塊的功能從推進演變成充電，牠們有一對腎形的特化肌肉電池，可以產生四十五伏特的直流電，能將獵物電暈或做為防禦手段。

白天的時候，太平洋電鱝隱藏在海藻林的底部，伏擊任何游經其攻擊範圍的動物。這種魚的側線可以感覺水流，藉此偵測水中運動；吻部的電感受器則告訴牠目標是死是活。若目標是活的，牠就會向前衝，用圓盤狀身體將獵物包起來，然後用足以讓人類潛水員昏迷的電擊來制伏獵物。

到了夜晚，太平洋電鱝就會變成活躍的獵人。牠們會從底部往上游，準備攔截在林下層活動的魚兒。牠們匍匐在淺灘上，緩緩游動或是隨洋流漂流，等到距離獵物五公分時，就會往前撲，將獵物包起來，電擊使之昏迷。為了要從頭部吞掉獵物，太平洋電鱝會用尾鰭將獵物拍翻，再從容地吞下大餐。

■ **行動電擊器**（下）
太平洋電鱝在加州沿岸的巨藻間游動。牠靠尾部推進，並維持平衡浮力，所以能輕鬆地在中水層徘徊。

加里波底花園

在海藻林的底部，住著一種態度嚴正的魚類居民——亮橘色的紅尾高歡雀鯛隨時準備迎戰來客，這種態度始於雄魚性成熟之後。雄魚會找到一塊適合的礁石，最好是能夠躲避風暴的地方。每年三月，牠都會整理築巢區，一點一點將大部分海藻咬掉，只保留幾種牠喜歡的海藻。牠會把剩下的海藻修整乾淨，保留幾公分長度，然後就可以準備開始吸引另一半了。

到了四月初，雌魚出現。若是雌魚對雄魚的園藝技能印象深刻，就會將魚鰭朝上，並悠悠地在周圍緩慢游動，藉此表示興趣。雄魚則以繞圈、發出重擊聲響的方式來回應。若雌魚看來有反應，雄魚就會朝牠的花園游過去，希望雌魚會尾隨而至；不過雌魚很挑剔，在做出最後決定之前最多可能會參觀十五個花園，而且雌魚的決定並不會受到雄魚的表現或是花園美觀的影響，而是花園裡是否已經有其他雌魚產卵。

雌魚不願意在空巢裡產卵，因此雄魚最初幾次求愛的經驗可能不會太成功，不過一旦這隻雄魚開始受歡迎，雌魚就會競相把卵產在牠的巢裡。為了達

「這魚會攻擊攝影機鏡頭，甚至企圖攻擊我們的面罩。也許牠在面罩上看到自己的倒影。這傢伙挺好玩的！」——監製助理 莎拉・康納

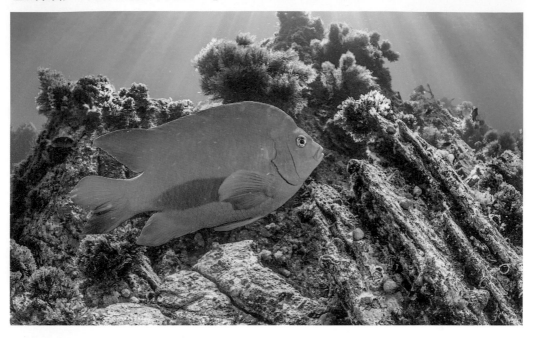

■ **戒備中（上）**
雄性紅尾高歡雀鯛會努力捍衛自己的巢穴，挑戰體型比自己大的動物，甚至是人類。

到那個程度，雄魚的巢裡必須要有剛產下的鮮黃色魚卵，之後，最多可能會有二十隻雌魚在同一個巢裡產卵。雄魚非常有領域意識，一旦雌魚產完卵，馬上就會被趕走。我們的攝影團隊同樣也不受歡迎。

「這魚會攻擊攝影機鏡頭，」監製助理莎拉・康納（Sarah Conner）回憶道，「甚至企圖攻擊我們的面罩。也許牠在面罩上看到自己的倒影。這傢伙挺好玩

的！」

然而，這種保護後代的謹慎，對牠來說是最重要的一件事。牠讓魚卵受精並細心守衛，直到兩三週後魚卵孵化。雄魚的領域似乎界定得很清楚，生活在六十公分以外的同類雄魚，可以安然地吃著海草、海綿、苔蘚蟲與管蟲，以及啃著海星和海膽的管足，而不至於和鄰居打起來。不過每隻雄魚都必須小心不要越界。一個籃球場大小的範圍，最多可以分割成四十塊不同的領域，在褐綠交織的森林中，一個個螢光橘的身影來回穿梭。

海膽與海獺

雄性紅尾高歡雀鯛最常遇到的其中一個侵入者是海膽。只有一兩隻的時候容易解決，只要用嘴把海膽叼走即可。海膽是地區群落的成員之一，偶爾會出現數量過剩的情形，尤其是紫海膽，這對大型褐藻與生活在海藻林的其他生物來說，是項嚴重的問題。

海膽常以褐藻的附著根為食，偶爾海膽數量會增加到所有附著根都遭破壞的程度。如此一來，大片大片的褐藻再也無法固著，會被捲走或沖刷到海岸上。海膽族群大量增加的原因，通常是因為其主要掠食者的數量下降，尤其是海獺，這便導致了海膽無限制地繁殖。

海獺是關鍵種，海藻林的守衛之一。海獺每天需要吃下體重約百分之二十五的食物，這個數字相當於一個健康的七歲孩童每天吃掉八十個——三公克的漢堡。為了達到這個量，海獺會吃掉大量的海膽和螃蟹、蛤蜊、貽貝、鮑魚、蝦與魚類等。海獺會把一塊石頭放在胃部上，將身體堅硬的獵物往石頭上敲，這也讓海獺成為少數會使用工具的海洋哺乳動物。

海獺通常獨自覓食，不過在休息時，同性別的海獺通常會手牽手聚集在一起，形成漂浮在海面上的「筏」。為

了避免漂到外海，每隻海獺都會用大型褐藻的葉狀體將自己包起來，藉此牢牢固定在海床上。雄海獺的筏通常比雌海獺來得大，由年輕雄性形成的「超級大筏」最高可達兩千隻個體，這也是迄今所知最大的筏。

然而，這種數字在過去一百年中非常罕見，因為海獺在這段時間過得並不好。問題出在牠們的毛皮。海獺是海裡的泰迪熊，牠們和其他海洋哺乳動物不同，皮膚下並沒有一層厚厚的海獸脂，反而只有一層非常厚重的毛皮。僅僅幾平方公分的海獺毛皮可以有超過一百萬根毛，大約是人類頭髮的十倍，而這也是牠們數量減退的原因。自十八世紀到二十世紀初，海獺因毛皮而受濫捕，族

群數量曾經一度降到兩千隻以下。保育工作將海獺數量從邊緣拉了回來，二十世紀期間，族群數量恢復到原本的三分之二，可以說是一個成功保育的範例。

　　儘管如此，國際自然保護聯盟（IUCN）仍然將海獺列為瀕危動物。海獺特別容易受到盜獵、漏油和捕魚裝置纏繞所傷害。在加州南部，弓蟲症與寄生蟲也是個問題；在海獺分布範圍的北部，則有另一個新因素對族群數量造成嚴重的影響。

■ 海獺筏
海獺將大型褐藻的葉狀體當成錨線，避免自己漂流到外海。

　　在阿拉斯加東南部海岸，虎鯨開始獵捕海獺。這是個讓人意外的發展。海獺可能不太好吃，而且對虎鯨這麼大的動物來說，幾乎一口就可以吃掉，不太能滿足胃口。然而，虎鯨平時的獵物，也就是具有豐富海獸脂的海豹與海獅，出現了供不應求的情形。海豹與海獅的

數量逐漸下降，可能是因為北太平洋過度捕撈所致。海豹與海獅的獵物，像是鱈魚，就因為過度捕撈而大幅減少。這可說是一系列的連鎖反應，顯示出海洋中不同區域的動物，無論生活在近海還是近岸水域，都有著相互依存的關係。

　　這些連鎖反應的結果，就是海獺數量再次下降，而只要是沒有海獺的海藻林，就由海膽接管了。水下海景成了科學家口中的「海膽荒原」，除了一整片的海膽，少有其他生物，這會一直持續到當前這批成年海膽死光為止。荒原地景並不適合海膽幼蟲定居，因此大型褐藻在下次入侵發生之前，是有機會反擊的。這也讓有些科學家納悶，不知這是否為好與壞自然循環的一部分。

冬季風暴

　　這些海藻林的自然循環有一項關鍵因素，就是冬季風暴。在每年的最後一個季度，北美洲太平洋海岸會變得相當活躍。秋季與冬季風暴通常從十月開始，在十二月最普遍。這些風暴掀起海浪，徹底摧毀海藻林，將附著根從岩石扯下，也會把葉狀體扯碎。殘骸大部分會沖到鄰近的海灘，成為海草蠅和沙蚤的國度，不過也有一部分的浮藻會形成「褐藻平台」，在海面漂流，暫時成為自給自足的生態系統。被困在褐藻平台的小型近岸魚類與無脊椎動物會隨之

一起漂流，褐藻平台還會吸引遠洋掠食者，例如鮪魚和馬林魚。這些褐藻會往南漂，直到抵達溫暖水域，然後慢慢腐爛分解。不過，如果部分褐藻存活下來，繼續隨著洋流漂流，是不是也有可能在世界其他地方形成新的群落呢？

■ **碎裂的大型褐藻**（上）
強力風暴將大型褐藻從海床連根拔起，有一部分被颳到了鄰近海灘。

■ **褐藻平台**（次頁）
漂浮在海上的褐藻平台形成了暫時的生態系統，許多海洋生物在此生活，尤以仔稚魚為最。

烏賊群

在南半球，大片大片的梨形囊巨藻沿著南美洲的太平洋沿岸生長。它們是最早被人研究的海藻林，這位研究者就是查爾斯·達爾文（Charles Darwin）。達爾文也在南大西洋阿根廷海岸發現過同種褐藻，不過這種褐藻的分布並不僅限於美洲海岸，澳洲南岸的海藻林也是以梨形囊巨藻為主要物種。

澳洲的海藻林是另一種特殊的頭足類動物棲息地，每到冬天，這種動物就會開始為熱鬧的年度繁殖季做準備。這個主角就是澳洲巨烏賊。這種烏賊體長可達六十公分，是烏賊家族中體型最大的成員。牠們從深海游到上斯潘塞灣（Upper Spencer Gulf）的淺礁區，在冬季之初，會有成千上萬隻聚集在這裡。雄性數量遠遠超過雌性，每隻雄性烏賊都試著從群眾中脫穎而出。

在繁殖季以外的時候，雄性烏賊相當低調。牠們追捕蝦蟹魚類時，會讓體色與背景融合。科學家曾近距離觀察這些烏賊，發現雄性在繁殖期間就會變得相當活躍。

繁殖期間，雄性烏賊會不斷變化皮膚圖案，帶來一系列精采的表演。體型較大的雄性個體處於支配地位，牠們會讓自己看起來龐大、色彩繽紛且饒富侵略性，藉此驅趕對手，並捍衛牠所看上的雌性。牠們會特意尋找陌生的雌性，這是科學家第一次在頭足類動物身上看到這類差別待遇；然後，雄性烏賊會在尚未交配的雌性附近徘徊，似乎是認為和這些雌性比較可能成功交配。牠們也許是藉由化學物質的分泌來感知這點，不過我們目前無法確知。

同個時候，雌性烏賊會在身上展現白色條紋，以此表示自己已有對象。在烏賊的社會中，做決定的是雌性，不過有些雄性會接收不到訊息。雌性烏賊不只會和色彩鮮豔的雄性交配，也會接受任何路過的雄性，無論牠的展示有多麼沉悶。就如大部分頭足類動物，牠們短暫的生命都是為了這一刻。

體型較小的雄性則是透過性別轉換，或假裝性別轉換的方式來競爭。這些雄性會採用雌性的顏色圖案，好溜進求偶現場湊一腳。接下來，牠們會顯示出自己真正的顏色，通常也能成功與雌性交配。然後牠們會快速恢復偽裝，避免惹到戴綠帽的配偶。

《藍色星球二》的研究員優蘭·波席格發現自己身陷求偶大會。「攝影師修·米勒（Hugh Miller）與我馬上趕往現場，那個場合大概只能用水下連續劇來形容。我們眼下所及之處，都是體型龐大、顏色鮮亮的雄性烏賊，竭盡所

「我們眼下所及之處，都是體型龐大、顏色鮮亮的雄性烏賊，竭盡所能保護著自己的另一半。」——研究員 優蘭·波席格

■ **全神貫注的烏賊**（上）
研究員優蘭·波席格在南澳水域觀察澳洲巨烏賊在繁殖期間的各種陰謀與詐騙行為。

能保護著自己的另一半。然後，偽裝成雌性的小型雄烏賊就在大型雄性眼前和雌烏賊偷情；而且一群群的小型雄烏賊似乎還懂得分工合作，分散大型雄性的注意力，好攔截雌性。同一時間，這些雌性烏賊的身上會顯現出清楚的白色條紋，藉此拒絕追求者。我們身邊處處上演著類似的情節。」

配對成功以後，就會出現兩兩頭對頭的交配行為。雄烏賊會把腕足環繞在另一半的頭部，將一小包一小包的精莢傳過去。雌烏賊會儲存在嘴裡的內襯部位，或是喙部下方的特殊受精囊裡，最後再產下一個個表面如皮革般強韌的檸檬狀白色烏賊卵。每個烏賊卵都會被分開處理，雌烏賊會將卵一個個放到受精囊裡，然後黏在洞穴或裂縫裡的岩石底部。對烏賊來說，繁殖是件苦樂參半的事情：牠們在繁殖季會禁食，而身體狀況會迅速惡化，待繁殖季結束沒多久，就會死亡。

在過去，會有成千上萬的烏賊聚在一起，不過近年來，每一季回去繁殖的

■ 冬季交配期
澳洲巨烏賊每到冬季就會在礁岩區求偶交配，照
片中這群烏賊看來正在求愛活動之餘稍事休息。

烏賊數量少了許多。一般認為，部分原因是過度捕撈導致，不過水溫和鹽度也可能是影響因素。無人可以確知。然而，就像南非的章魚一樣，烏賊被大批大批地捕捉，用來當成抓笛鯛的餌食。笛鯛似乎和烏賊之間有生態上的關聯，笛鯛數量增加，烏賊也會增加，反之亦然。近年來，烏賊數量一直在恢復，時間應與禁漁政策一致，不過仍未恢復到過去的數量。這對海藻林及其居民來說，也是另一種威脅。

海藻林的困境

澳洲巨烏賊棲息的海藻林屬於一個叫「大南礁」（Great Southern Reef）的溫帶海洋生態系。這個新名詞由西澳大學的幾位科學家提出，目的在於讓人們注意到澳洲「其他的珊瑚礁」。大南礁是由岩礁和海藻林構成的相連系統，沿著澳洲南岸分布，自東部的布里斯班、環繞塔斯馬尼亞，一直延伸到澳洲西部，範圍跨越兩千三百公里。這個地區是觀光勝地，也是龍蝦和鮑魚的重要商業漁場，每年對澳洲的經濟貢獻超過一百億美元。

這裡也是生物多樣性熱點，其中有三分之一的物種為這片珊瑚礁的特有種，然而，部分物種正面臨嚴重的麻煩。舉例來說，曾經有段時間，海藻林的分布範圍包括了整個塔斯馬尼亞的東部海岸，是澳洲葉海龍、膨腹海馬、黃體雞冠胎鳚的棲息地，不過自一九五〇年代以來，這裡的海溫上升了攝氏一·五度，超過了適合大型褐藻生長的最佳範圍。再加上海膽大量繁殖，造成褐藻無法再生，導致目前這裡海藻林覆蓋的區域只有不到原本的百分之五。萎縮的海藻林也意味著商業漁業的巨大損失。

其他地區的海藻林也有類似情形，不過這種趨勢並非全球性的。一項橫跨過去半世紀、來自全球海洋生物學家資料的海藻林調查顯示，世界上約有三分之一的海藻林在衰退，三分之一在增加，三分之一幾乎沒有變化。

雖然地球暖化是一部分原因，不過此間還有其他影響因素。例如在澳洲南部，汙染也是原因之一；而在加拿大的新斯科細亞省，則是有海藻外來種與大型褐藻競爭；在智利中部，海水溫度不升反降，按理來說海藻林的覆蓋範圍應該會變大，不過資料顯示的情形卻恰好相反，這主要是當地為了取得藻酸鹽（alginate）而過度採集大型褐藻的緣故。

北半球的許多地方，海藻林並未減少，不過它們正在位移。它們朝北方擴展，南側則逐漸萎縮。例如在英國，大型褐藻與其他海藻覆蓋的區域，面積約與陸地上的闊葉林相當，與威爾斯差不多大小，而這片海藻林正朝著北方更涼爽的海域移動，原本的區域則被來自較溫暖水域的海藻種所佔據。

因此，雖然許多海洋環境都在不斷惡化，海藻林卻成了非典型的例子。儘管如此，海藻林仍然是對大海十分有用的「警報器」[*1]，因為它們對環境變化非常敏感，同時也直接暴露在影響著海

[★1] 原文為「金絲雀」（canaries），典故出自礦工飼養的金絲雀，牠們是用來偵測礦坑中的有毒氣體，若金絲雀在礦坑中突然暴斃，代表環境危險。

岸區的人類活動之下──農作物收割、汙染、沉積、外來種、漁業、娛樂等。海藻林也對商業漁業、營養循環與海岸線保護非常重要，每年涉及金額可達幾十億美元。因此，大型褐藻的全球豐度（abundance）變化，對海洋健康與經濟都會產生極其深遠的影響。

■ **前後對比（下）**
潛水伕手上的照片是之前海水尚未暖化、龍蝦也還沒過度捕撈的海藻林，那時候的海膽數量仍在合理範圍，不會損害海藻林。

■ 會動的海草

澳洲葉海龍是海馬的親戚，牠身上那片狀似樹葉
的瓣狀構造不是拿來游泳用的，而是幫助牠在棲
息的大型褐藻或海草間偽裝隱藏。

海洋草原

第二個主要的「藍色森林」是海草床（seagrass meadow）。海草床可見於有遮蔽的淺水區，分布範圍從北極到熱帶都有，還能形成從太空中看得到的大草原。南極洲是唯一沒有海草床的洲。

海草看起來很像海藻，不過它其實是很像草的開花植物，有莖、葉、花和種子。海草有很多種，它們所屬的生態系在過去甚少受到關注，卻是擁有豐富多樣性的海洋生物群落，也是幼魚的主要孵育場，包括許多重要的經濟物種。據估計，一公頃健康的海草床可以有約八萬隻幼魚與超過一億隻微小的無脊椎動物生活其中。在南澳，更是澳洲葉海龍的藏身之所。

「我必須說，澳洲葉海龍其實不太動，拍攝時最困難的就是要找到牠們，因為牠們非常善於偽裝，就像海藻一樣在海流裡漂著，受浪潮擺佈。」
—— 監製助理 約翰‧錢伯斯

澳洲葉海龍和牠的近親——海馬不同，海馬可以用適於抓握的尾巴抓住海藻，澳洲葉海龍則只能隨波逐流。澳洲葉海龍身上有許多葉狀附肢，看起來就像是在海中漂浮搖曳的海藻。牠的覓食方式是將浮游動物和小型甲殼類吸入沒有牙齒的口中，約翰‧錢伯斯就曾以高速攝影機清楚地拍到細節。

「我必須說，澳洲葉海龍其實不太動，拍攝時最困難的就是要找到牠們，

■ 行蹤隱密（上）
攝影師在南澳某處散亂的海草床裡發現了這隻葉海龍。

因為牠們非常善於偽裝，就像海藻一樣在海流裡漂著，受浪潮擺佈。

「牠們覓食就像蜂鳥一樣，會浮在水層啄食糠蝦。牠們的攻擊速度極快，我們不得不用高速攝影機來拍攝，才能看見發生了什麼事。牠們的吻部非常符合流體力學，能以驚人的速度吸食獵

物。看著牠們在水中悠哉滑翔，又看著牠們如此迅速地攻擊獵物，這樣的對比相當有趣。」

雄性葉海龍有護卵的行為，不過並不像海馬把卵放在育兒袋裡，而是藏在尾巴底下，這有時候會出現異狀：卵會被藻類覆蓋。目前沒人知道這是因為海水變暖，或是由於淺水域的光照增加所致，不過確實有潛在危險。

「有一次藻類引起了問題，」約翰描述，「葉海龍孵化的時候，幼體卻掙脫不開，牠們的尾巴被藻類卡住了。」

藻類也會覆蓋在海草上，雖然會對年幼的葉海龍造成不便，卻是海草床的幼魚與無脊椎動物的食物。事實上，科學家現在認為，有些以海草為食的大型動物，例如綠蠵龜和儒艮，牠們攝取的大部分營養可能不是來自海草，而是附生藻類的「微型森林」。

■ **深耕海床**（下）
儒艮使用上唇撕開海草，在海底留下了一條明顯的溝，或稱「覓食痕跡」。

播種的海龜

　　綠蠵龜的上半輩子是肉食性動物。牠們成年之前會以海綿、水母、魚卵、軟體動物、蠕蟲和甲殼動物為食；不過到了成年以後，就會變成以草食為主，啃食海草與藻類。不只如此，牠們不但會固定修剪海草床，似乎還扮演著協助播種的角色。曾有人以為，只有洋流才會散布海草種子，不過越來越多證據顯示，海龜與其他以海草為食的動物，至少都肩負了部分責任。綠蠵龜每天能吃

掉兩公斤左右的海草，排便可以排出
二十五個種子。海龜會回到海草床本來
的生長地，因此能替原有的海草床播
種，也能將種子帶到新的地方。

　　更甚者，根據實驗，通過海龜消化
道排出來的海草種子，發芽速度會比平
常快。海草演化出現的時間約在一億年
前，而海龜已經吃了將近五千萬年的海

草，因此兩個物種可能共同演化。

　　當然，無論海龜是否會再造海草，
如果族群過大，海草也有可能被啃光。
不過大自然也有解決之道：鼬鯊能控制
海龜數量，藉此保護海草幼苗。

■ 海裡的老虎

鼬鯊體長可達五公尺，是令人畏懼的掠食者。牠們是少數可以用牙齒切穿龜殼的鯊魚。

鋸齒

　　鼬鯊有著可以切穿龜殼的利牙。其牙齒狀似電鋸，所以也可以迅速解決儒艮。西澳有個鯊魚灣，地名取得恰如其分，在那裡上演著儒艮、海龜和鼬鯊演出的致命芭蕾。鼬鯊會徘徊在茂盛的海草床上，等著前去覓食的海龜與儒艮，不過牠的獵物也有因應對策。鼬鯊靠近的時候，健康的海龜與儒艮就會前往草原邊緣水深較深的區域，啃食質量較差的海草。在這裡牠們就有辦法靠策略取勝。不過健康狀況較差者，在草原中心啃食質量較佳的海草時，就有可能受到鼬鯊攻擊。

　　鼬鯊的存在也能確保讓海龜不斷移動，這就意味著在無意中讓海草種子散布到更遠的地方，海龜也不會過度啃食某一區塊的草原。鼬鯊通常被描繪成惡棍，但是，牠們不但能維持海草床健康，也能剔除年老體弱的綠蠵龜和儒艮，維持當地族群的健全。

　　在百慕達和印度洋的部分地區，鼬鯊數量因過度捕撈而下降，整片海草床也因此消失。這就是鼬鯊的重要性，不過並非唯一原因。海平面上升，以及與新開發案如度假村、防洪設施與水產養殖池等開發，所帶來的海岸棲息地的破壞，都會對海草床造成影響。疏濬工程以及其他人類活動，例如在過淺水域運行的休閒娛樂船，每天都以相當於每小時兩個足球場面積的速度，破壞著海草床。這是非常嚴重的問題。

　　海草床對大氣平衡的貢獻，比海藻林來得還大。透過光合作用，每平方公尺的海草床一天可以製造十公升氧氣，同時消耗二氧化碳。雖然海草床僅僅覆蓋海床面積的百分之〇‧一，卻儲存了海洋中有機碳的百分之十一至十二。據估計，世界上的海草床每年吸收的碳可達二七四〇萬噸，可說是世界上最重要的碳匯（carbon sink）。若是少了海草床，地球大氣層就會變得更糟。儘管如此，我們卻很少注意到海草床。

鹹水裡的樹

海裡不但會長草，同樣也有樹木，而且這些樹木也會吸收碳，是第三種「藍色森林」。像紅樹林這樣的海岸棲息地，可以吸收並儲存相當於同面積熱帶雨林五十倍的碳，因此也是海洋大氣層系統的重要組成。

紅樹林是種奇特的樹。它們可以忍受鹽度卻不耐寒，偏好冬季水溫攝氏二十度以上、沒有強浪與水流的地方，因此多出現在熱帶與亞熱帶淺水海岸或半鹹水潮間帶。它們可以在鹽水中生長，是因為可以從葉子上的腺體排出鹽

■ 第一道防線（下）
紅樹林是陸地與海洋之間的緩衝區，可以吸收風暴與海浪的能量，保護海岸線。

分，或是將鹽分儲存在樹皮、莖或根部，又或是儲存在即將掉落的葉子裡。這種樹也可以忍受漲退潮之間鹽度、氣溫與濕度的極端變化，不過每個物種之間仍有差異。

紅樹林內的不同物種的植物，有著不同的鹽分過濾系統與根系（root system）。舉例來說，美國紅樹有支持根，可以透過樹皮上的氣孔吸收空氣，使得它們可以在洪氾區淹得最高的區域生

■ **養育小魚兒**（上）
　錯綜複雜的紅樹林根系非常適合幼魚躲藏，又
　能留住營養豐富的沉積物，整個生態系都能從
　中獲益。

長；海茄苳長在地勢較高的區域，有從
地上長出來的呼吸根。它們都是對穩定
海岸線來說非常重要的物種，因為它們
可以生長多年，也能培育出相對穩定的
生態系統，其落葉與腐殖質能在海床形
成營養豐富的泥土。

　　紅樹林的根系能把沉積物保留起

來，也能做為洶湧海洋與脆弱海岸之間
的保護緩衝。和大型褐藻與海草一樣，
紅樹林錯綜複雜的根系，有著豐富多樣
的海洋生物生存其中，像是螃蟹、彈塗
魚，與多種小魚。相當多的熱帶魚種會
在紅樹林度過成長期，不過這些魚兒在
退潮時必須有所妥協，因為紅樹林的根
和泥土會暴露在空氣中，牠們的避風港
暫時被剝奪，因而得冒險穿過泥沙，進
入掠食者的火線網。

劍客與拳王

視力絕佳且攻擊速度極快的蝦蛄，是幼魚最可怕的噩夢。蝦蛄俗稱螳螂蝦，又稱「拇指切割機」，因為若是抓牠們的動作太笨拙，很容易就會被劃傷。這種可怕的甲殼類動物可以長到四十公分大小，重量與一般龍蝦差不多，不過牠們最讓人印象深刻的地方並不在於尺寸，也不是身上的武器，而在於那可能是動物界中最精細、超能力般的視覺。

蝦蛄有一對相當大的、具柄的複眼。每隻眼睛都可以獨立活動，不需要其他眼睛的協助就能判斷距離。這是因為蝦蛄的眼睛分成三個部位，牠可以用各個部位來觀看一個物體，每隻眼睛都有三眼視覺，因此有非常精確的深度感知。

人類的眼睛有三種錐狀感光細胞，蝦蛄則有十二種。牠們看得到紫外光，而光譜的其他部分，其視覺系統能進行精細調節，以偵測到其他蝦蛄或特定獵物的視覺特徵，所以牠們能確實知道自己在跟蹤的是什麼動物，也能精確地掌握目標行進的方向。

許多動物都能感知到線性偏光（也就是偏光太陽眼鏡濾除的光線），例如候鳥，而蝦蛄可以感知圓偏光，也是唯一已知具有這種能力的動物。蝦蛄利用

這種能力彼此「交談」，這是一種極其私密的溝通系統，將其他動物都排除在外，包括人類。

蝦蛄的主要武器是一對特化的附肢，適合近距離打鬥，戰力強大。附肢有兩種類型：粉碎型可以敲裂貝類（甚至敲破水族箱玻璃），穿刺型的尖端帶刺，可抓住或穿刺魚類。

《藍色星球二》拍攝的斑琴蝦蛄是穿刺型劍客，屬於伏擊性的掠食者。這種蝦蛄體長可達四十公分，是世上最大的蝦蛄。牠的體型類似龍蝦，不過沒有夾鉗，取而代之的是折起來的附肢，附肢前端有尖刺，類似螳螂。這種蝦蛄分布於整個印度太平洋海域，是一夫一妻型的動物，一對雌雄蝦蛄會共用一個幾

「斑琴蝦蛄是穿刺型劍客，屬於伏擊性的掠食者。這種蝦蛄體長可達四十公分，是世上最大的蝦蛄。」

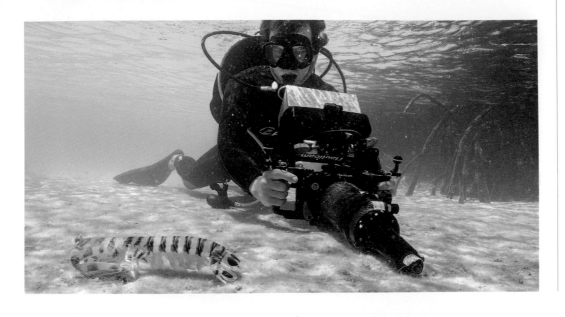

■ 劍客（上）
攝影師難得拍到斑琴蝦蛄出巢穴的景象。雄的斑琴蝦蛄有時候會在晚上出巡，獵捕受船隻燈光吸引的動物。

公尺長的大型 U 形洞穴，洞穴內壁有黏液，以黏合沙子或泥土。一對蝦蛄可以共同生活長達二十年。雌性通常會看護、清潔受精卵，也會替卵噴上乾淨且富含氧氣的水，雄性則負責獵食。

雄蝦蛄會在洞穴埋伏。當有魚兒游經洞口，牠就會從藏身處衝出去，以每秒約二·三公尺的速度用力伸出前肢；這個速度比粉碎型拳王慢得多，後者能以每秒二十三公尺的速度揮動棒狀附肢。不過劍客蝦蛄犧牲了速度，換來的是每次攻擊的命中率，也能省點力氣。牠們的速度只要快到足以避免獵物逃跑即可，不需要打破什麼記錄。而拳王蝦蛄必須一次次地敲擊獵物，直到將之敲裂。

並非所有斑琴蝦蛄都遵守單配偶制，有些還會雜交。若雄性已經和一隻雌性配對，卻在後來遇上另一隻體型較大且單身的雌性，那麼牠就有可能更換配偶。雄性會離開原本的巢穴和配偶，前往較大的洞穴，與體型更大的雌性配對。在斑琴蝦蛄的社會裡，大即是美；畢竟，大型雌性可以生產更多的卵。

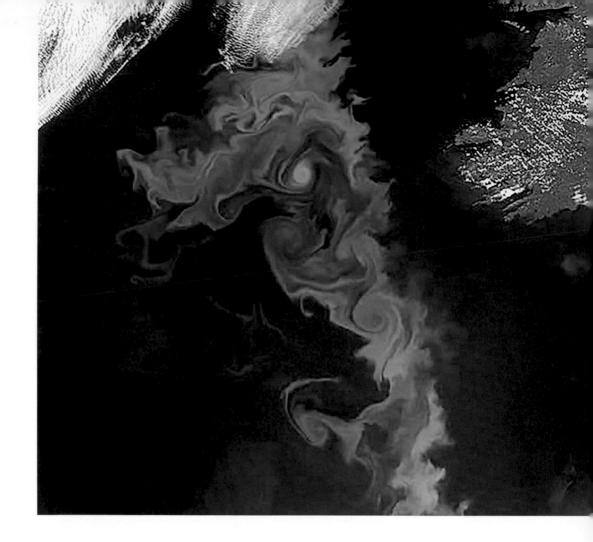

食物鏈底端

　　雖然海藻林、海草床和紅樹林都被認為是重要的「藍色森林」，但其實還有另一個能行光合作用的成員——浮游植物，也就是大部分海洋生物的基本食物。浮游植物就如同大型褐藻與海草，含有葉綠素，需要陽光才能生長。大部分浮游植物都有浮力，因此它們主要漂浮在有陽光的海水上層。

　　浮游植物包括好幾種不同類型的有機體，其中許多是微生物。最常見的包含具有矽殼的矽藻、會動的甲藻、絲狀的藍綠藻、以及外覆白堊的球石藻。球石藻的生長速度非常快，只需要幾週就

可以從人造衛星清楚拍到；而它們對地球溫度的控制更是扮演著關鍵角色：它們能將來自太陽的大量能量反射回太空。上述這些浮游植物也會製造大量氧氣，以及隔絕了來自深海大量的碳，它們將這些吸收並鎖在細胞裡，死亡之後，碳就會隨著屍體下沉到海底，儲存在海床上，直到再次循環。這意味著這些微小的生命形式足以列為地球上最重要的生物。

它們是浮游動物的食物，包括魚苗、無脊椎動物的幼蟲、端足類、橈足類、磷蝦、糠蝦與水母等，而這些浮游動物又會成為小魚的食物，如此，食物鏈一層層往上，直到地球上最大型的掠食者。在春夏季節的溫帶與極地地區，整個系統會進入過載，因而造成海洋生命大爆發。

大翅鯨來救援了！

在美國的蒙特里灣，一群加州海獅正在前往打獵的途中。每隻成年加州海獅一天需要吃下體重百分之五至六的食物才能維持健康；成長中的幼海獅則需要更多。牠們會獵捕各種魚類、章魚、烏賊和蝦，尤其是鯖魚和鱈魚，也會以季節性魚群為目標，如太平洋鯡與鮭魚，牠們很清楚應該去哪裡獵捕。牠們會在海面竄游，一般而言，夏季繁殖處與覓食地之間的距離不會超過幾十公里，不過也有海獅單次狩獵就游了九百公里的例子。牠們在海面上尋找豐盛大餐的跡象，牠們在尋找鯨群。

每到這個食物豐富的季節，大翅鯨就會從夏威夷或是下加州長途跋涉而來。春夏季的藻華能確保食物鏈源源不絕的供給，尤其是油滋滋的大群銀白色鯡魚。魚群在白天會潛到深處，不過鯨魚會把魚群趕到海面。這就是海獅在尋找的東西。海獅每二、三十隻聚集成群，混在鯨群之中，待這些體型巨大的鄰居衝破海面，張開大嘴一吞，海獅就會趕去撿拾從鯨魚口中逃出來的魚兒。

海獅非常專心地追逐鯡魚，沒注意到附近的一群虎鯨正慢慢朝牠們靠近。虎鯨！沉默而致命的過路客，對魚群的興趣不大。牠們的目標是高營養的海獸脂，因此直直朝著海獅前去。這群海獅陷入恐慌，朝四面八方散去，企圖混淆攻擊者，不過這些獵人不是那麼容易唬弄的。牠們是組織有序的群體，不同於那些獵捕魚群的定居型虎鯨，這一群完全不會發出聲響。牠們會一個個孤立海獅，然後衝上去，用尾鰭擊殺目標。就如同挪威虎鯨群獵捕冬季鯡魚一樣。

突然間，四隻大翅鯨浮出海面，橫在海獅與虎鯨之間，開始一陣打鬥。牠們拍打著長長的前鰭，揮舞著有力的尾鰭，向體型較小的虎鯨進行攻擊，還有如激動的大象一般，不斷大聲呼喊。

虎鯨分成了兩群，一群試著將大翅鯨引開，另一群繼續追趕海獅，不過大翅鯨完全不為所動。牠們繼續瘋狂拍打，整場戰鬥持續了四十分鐘以上，一直到虎鯨疲憊離去才結束。大翅鯨成功將海獅護送到安全的地方。虎鯨有時候也會攻擊大翅鯨，而這群大翅鯨卻讓自己置身險境，保護著另一個物種。這是為什麼呢？是利他行為，還是因為大翅鯨將海獅視為所有物？海獅是否協助包圍了魚群，讓大翅鯨更容易捕捉？一如以往，自然史的新觀察，總會帶來更多疑問。

激情結束，大翅鯨回去覓食，六七隻形成緊密的隊伍，每隻並排的鯨魚都在同一時間衝刺，牠們的動作就如虎鯨般地協調。這是一年當中生產力最旺盛的時節，動物們的繁殖成功與否，取決於像這樣的季節性食物資源。這是一場從微小到碩大的能量轉換。

這也提供了我們一扇窗，回顧兩百年前捕鯨業尚未危及鯨魚族群的時候。數十年來的保育成果，已經使一些鯨魚數量回升，目前太平洋東北部的大翅鯨已有兩萬一千隻。對照之下，一九六六年禁止捕鯨的時候只有一千六百隻。這是另一個保育成功的故事，而且我們還可以做得更多。

■ 大口一吞（次頁）
大翅鯨分享了海獅的食物，海鳥則將剩餘部分一掃而空。

第五章

大藍海

■ **方方正正的大嘴**（左）
  鯨鯊是現存體型最大的魚類，周遭經常伴隨著領航魚（黑帶鰺）。

■ **鯨之尾**（前頁）
  抹香鯨得力於巨大尾鰭，能以每小時十六公里的速度在海中巡航。

　　遠離陸地之處是「大藍海」，那裡的颶風可以掀起三十公尺的巨浪，也可以製造出深淵般的海溝，將巨大船艦吞噬得無影無蹤。對野生動物來說，最大的考驗並非風暴，而是那廣闊無垠的空曠。牠們的挑戰，是要在這片乍看之下無邊無際（事實上不然）的藍色沙漠生存下去。

　　在我們眼中，開闊大洋似乎毫無特色，不過對海洋生物而言並非如此。大洋是有結構的，在那裡生活的動物對它很熟悉，就如我們在熟悉的地方能認路一樣——動物有自己的概念地圖，知道哪裡可以找到食物。大洋動物知道去哪裡找、去哪裡捉，也知道去哪裡躲避敵人。這個國度不僅屬於速度快、力氣大的生物，如體型細長的長鬚鯨與劍魚；也屬於悠閒的「漂流者」，如水母和海樽；以及在戰鬥中採取極端策略生存下來的動物，畢竟在這樣的地方，可能得在好幾個星期以後才能吃到下一餐——也有可能牠們自己就是別人的下一餐。

名叫迪奇的鯨魚

加勒比海多米尼克外海的午休時間，有隻抹香鯨的幼鯨正在睡覺，牠的頭部朝上，呈垂直姿勢。丹麥奧胡斯大學多米尼克抹香鯨計畫（Dominica Sperm Whale Project, DSWP）的科學家們，替這隻抹香鯨取了小名，叫做迪奇。牠的母親芬格斯就在附近，與其他幾隻同屬「七鯨群」的抹香鯨一起，牠們都在睡覺；有幾隻鯨的鼻頭露出水面，有些則是尾巴朝上。牠們應該是世界上最常受到研究的抹香鯨群。雖然牠們睡覺時會有快速動眼期（REM），也就是和人類作夢有關的睡眠階段，不過天知道牠們到底作了什麼夢，或者到底會不會作夢；不管有沒有作，牠們都是用世界上最大的腦袋在作。抹香鯨的腦是人類的五倍大，畢竟牠們是如此巨大的動物。

抹香鯨是世界上最大的有齒掠食者，成熟雄性體長可達十八公尺，雌性則小了三分之一左右。七鯨群就和大部分群體一樣，成員主要是數隻成年雌鯨加上一隻幼鯨。現在，所有成員都在酣睡中。睡眠期間，牠們不會呼吸也不會移動，不過一般認為牠們的睡眠時間並不長：每天總共只睡一個小時多，每次小睡十到十五分鐘。這也使得牠們成為目

■ **鯨魚母子**（右）
正往深海下潛的抹香鯨母子，不過幼鯨不會隨著母鯨潛到最深處。
■ **很有大腦的鯨魚**（下）
抹香鯨巨大的頭裡有動物界最大的腦袋。

前已知所需睡眠時間最少的哺乳動物。

幼鯨醒了。牠先張開一隻眼睛，然後是另一隻。成鯨圍著幼鯨，彼此交際，幼鯨就是牠們的重心，牠們的家庭單位似乎比我們來得錯綜複雜。加勒比海的抹香鯨家庭是由單一雌鯨家系組成：祖母、母親與牠們的未成年後代，所有家庭成員都會照顧幼鯨，無論是不是自己的孩子；有點像是整個村落一起扶養一個小孩。

抹香鯨和人類一樣愛講話。牠們的語言是以咔嗒聲的變化來表示，就像摩斯電碼。科學家相信，抹香鯨發出不同模式的咔嗒聲，都有不同的意義，這

■ 海中巨人
雌性抹香鯨平均體長十一公尺，雄性則是十六公尺。牠們是世界上體型最大的齒鯨。

氏。我們發現，像迪奇這樣的幼鯨，至少得花上兩年的時間，才能正確發出和母親一樣的咔嗒聲。牠們一開始就好像嬰兒牙牙學語，含糊不清。」

一旦迪奇精通了咔嗒聲，就能和使用同一種尾聲類型的家庭成員溝通。牠們擁有共同的「方言」，好幾個家庭便可形成「宗族」。不同宗族的鯨魚有自己的行事方法，這不只表現在牠們的方言，而是整個文化都不一樣。牠們的潛水方式不同、吃的魷魚不同、行動模式不同，交際方式也不同。各個鯨魚家庭聚在一起時，會和同宗族的其他家庭見面，並且避開不同宗族的家庭。換言之，牠們記得自己的親戚朋友，即使分開了好幾個月或好幾年，依然如此。

謝恩和他的夥伴花了幾十年的時間在海上追蹤抹香鯨，已經對抹香鯨家庭的運作有了相當認識，但仍然有許多問題尚待解答。其中一個有趣的問題，是抹香鯨會不會和象群一樣也有長母（matriarch）。抹香鯨的腦這麼大，最年長的雌鯨成員想必也記得哪裡有最棒的食物資源，就如同象群長母在乾旱時能領著其他成員找到最好的水坑。可能有相當多的傳統知識是一代代傳下來的，這種文化智慧也是牠們生存的關鍵。

覓食的時候，抹香鯨可說是挑戰極限。牠們會下潛到食物充裕的深淵，深

些聲音稱為「尾聲」（coda）。加勒比海東部的抹香鯨至少有二十二種不同的尾聲，牠們都會使用同一個由「咔嗒－暫停－咔嗒－暫停－咔嗒－咔嗒－咔嗒」構成的特定尾聲。這個模式只出現在加勒比海，可能是這個抹香鯨群體的標誌。

「我們最近的研究顯示，」DSWP 發起人暨首席研究員謝恩·傑羅（Shane Gero）表示，「其中一種尾聲可能是用來區別個體，就像名字一樣；而另一種尾聲可能有家族辨識的作用，如同姓

海魷魚和魚類才能滿足牠們的大胃口。抹香鯨有著大自然中最驚人的耐力，牠們常常為了追捕魷魚潛到海面下一公里深的地方，還可以屏住呼吸四十分鐘左右。對人類來說，那是個陌生的世界。截至目前為止，在下面發生的一切事情都僅止於猜測。儘管如此，DSWP的科學家還是能透過抹香鯨的咔嗒聲，以及BBC團隊水下攝影機的輔助，慢慢釐清了一些眉目。

我們用了四個吸盤將攝影機固定在芬格斯身上。一開始拍到的畫面是芬格斯和迪奇一同下潛。迪奇像是要加強彼此聯繫一樣，輕輕地觸碰母親，母子倆喋喋不休地發出咔嗒聲。不過迪奇並沒

■ **保護措施**（上）
用吸盤將攝影機固定在抹香鯨身上。
■ **齊聚一堂**（右、次頁）
抹香鯨是社交動物，牠們會持續地觸摸彼此，甚至像猿猴類的「理毛」行為，用身體互相摩擦，將老皮磨掉。

有跟著母親一直潛下去，而是掉頭回到海面，等待母親返回。

深海獵捕非常重要，因此家庭成鯨繼續結伴同行，讓幼鯨獨自暴露在大洋掠食者的攻擊危險之中。不過，如果幼鯨求救，所有成鯨都會馬上從深海游回幼鯨身邊。至於現在，母鯨繼續下潛到深度六百至八百公尺處，開始牠的獵捕活動。

母鯨停下了溝通訊號，咔嗒聲變成

如節拍器般緩慢有力的聲響，聲音強度震耳欲聾，可達兩百三十分貝。這是回聲定位的聲音。牠在黑暗中探索著前方一百二十公尺、甚至更遠的區域，仔細傾聽回聲。如果牠發出快速、密集的咔嗒聲，就表示發現目標，隨著牠慢慢接近，也搜集到更多關於獵物的資訊，如大小、行進方向與可食性。接著是一片靜默。牠抓到了！

製作人約翰・魯斯文（John Ruthven）與他的團隊，和謝恩等人一起拍攝這些龐大的動物。有一次，當他們正在拍攝一家子抹香鯨時，親眼目睹了這些鯨魚摩擦彼此身體，就像猿猴類近親之間互相理毛的行為。

「抹香鯨身上覆滿一層層的片狀皮膚，一般相信這是為了避免藤壺與寄生蟲附著而阻礙游泳的天然防汙機制。就如所有動物的片狀皮膚一樣，抹香鯨應該也會覺得癢，而摩擦可以幫忙緩解。我們曾在水下拍到大片大片剝落的鯨魚皮漂過，看起來就像是太陽照射下的水母。這種行為提醒我們，抹香鯨是一種非常聰明的動物，應該將牠們放到與人科同等的位置，即使牠們生活在海中。」

最大的遷徙

在夏季的熱帶與溫帶海洋，開闊大洋的最上層有如一層溫暖的「表皮」，俗稱「透光帶」（sunlight zone）。這層海水就位於深海的冷水上方，中間隔著一層稱為斜溫層（thermocline）的邊界。

抹香鯨覓食的時候，會背對透光帶潛入深海，不過其他海洋生物則是正面擁向透光帶，因為這是浮游植物生活的地方。茂密的藻華會出現在海岸與近岸島嶼，這些區域的營養物質會從深處攪上來；藻華也會出現在夏季的高緯度地區，這是由於長時間日照的緣故。然而，食物資源在開闊大洋的分布並不均勻，浮游生物會集中在洋流交界處（類似於大氣層中的鋒面）。儘管如此，這些食物量還是足以引發大規模的動物遷徙。

每天早晚，海洋動物都會進行垂直方向的移動。這是地球上規模最龐大的動物遷徙。在晚上，動物會從微光帶（twilight zone）往上游到透光帶，在黑夜的掩護下覓食；然後在白天回到深處，利用陰暗來躲藏。引領夜間移動的是微小的浮游動物，也就是隨洋流漂流的小型動物。牠們往上移動，好享用海面的浮游植物；隨之而上的是小型魚類與魷魚，接著是大型魚類，最後來獵捕的就是頂級掠食者，例如鯊魚。

皇帶魚就是進行這種垂直遷徙的動物之一，牠是世界上最長的硬骨魚。科學家曾在一九六三年，於美國紐澤西州外海觀測到一隻體長約十五公尺的皇帶魚。不過多數標本都沒那麼長。這種魚類呈帶狀，頭部有一道如「皇冠」般長長的紅色鰭條，使得這種魚有著「緋魚之王」的美名。皇帶魚經常垂直游行，牠們頭部朝上，細長的身體幾乎沒入黑暗之中。其擺動身體的方式，配合著來自上方的斑駁月光，讓人難以觀察。牠們在朝海面移動的大規模遷徙中佔有優勢，從中捕捉其他小型的垂直遷徙者。皇帶魚吸食浮游動物，像是磷蝦以及其他甲殼類動物。早晨來臨以後，牠們就會轉頭朝深處游去，隱身在微光帶的黑暗之中。

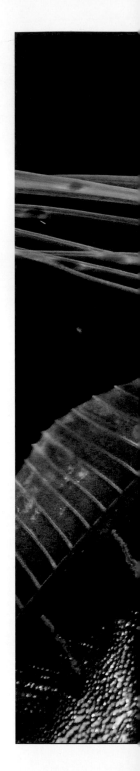

■ 鯡魚之王
皇帶魚的頭上有一頂鰭條「皇冠」。

超級餌球

燈籠魚也是會向上游的魚類，而且牠們的數量很多。燈籠魚佔了深海生物總重量的一半以上，數量則在脊椎動物中名列前茅，也最受到歡迎。幾乎所有體型的動物當中，都有以燈籠魚為食的。因此，當牠們在黎明覓食完畢，選擇停留海面產卵，而不是回到相對安全的微光帶，是風險很高的事情。而阻止牠們往下游的，是一大群在開闊大洋活動的掠食者。

哪怕是中等體型的布氏鯨，也只要幾口就可以吞掉一大群燈籠魚，因此開闊大洋的多數掠食者需要有點組織才行。雖然大洋中無處藏身，要捉到一隻魚亦非易事。在這三度空間裡，魚兒有

■ 沸騰海洋（下）
1 一大群長吻飛旋海豚前往大洋追捕魚群。
2 長吻飛旋海豚可以從海面起身飛躍，旋轉身體。
3 餌球裡的魚兒躲避著來自上下方的掠食者，整個海面看來好像在「沸騰」。
4 姬蝠魟也加入戰局。

許多種逃脫方式，所以掠食者必須扮演「牧羊犬」，將魚群趕到一起，讓牠們困在海面。科學家和釣客把這種集中海面的魚群稱為「餌球」，負責尋找牠們的人就是《藍色星球二》製作人馬克‧布朗勞（Mark Brownlow）。

「我們乘著研究船阿路西亞號，停在離岸二十海里處，每天都用配有Cineflex攝影機的直升機巡查一百海里。我們沿著大陸棚來來回回，尋找傳說中的『沸騰海洋』。十天以後，我們終於

1

2

找到竅門，只要跟著一大群長吻飛旋海豚就對了。牠們的數量可觀，可能高達上萬隻。」

長吻飛旋海豚尋找燈籠魚群又快又有效率。牠們可以跳到離海面三公尺高，並旋轉身軀，這種看似喧鬧的行為其實是在界定牠們的警覺性與牠在群體中的位置。跳出海面不用多久，牠就能發現遠處的海鳥群，也就是魚群聚集在海面的明證。

所有體力活似乎都給海豚攬下了。牠們繞著魚群行動，使其擠成緊密的餌球，然後將餌球推向海面。接下來，海豚衝入魚群，有多少就吃多少；到了這時，消息已經散播出去了。黃鰭鮪似乎知道，只要跟著海豚，一定有得吃。

「海豚將燈籠魚群往海面趕，」馬克回憶道，「然後是這些每隻一百公斤以上的黃鰭鮪朝魚群猛力衝撞，海面也隨之沸騰了起來。」

黃鰭鮪飛快地衝進緊密的燈籠魚群，速度之快，如果維持太久，牠們的「溫血」[*] 身體就會過熱。魚群是轉瞬即逝的賞金，如果掠食速度夠快，贏得了競爭就能獲得獎勵。海面下，海豚和鮪魚快速穿梭；天上則有海鳥朝著餌球俯衝，一波波的攻擊都在不經意間互相幫助。這真是一場大騷亂，魚兒躍上水面試圖逃脫，海水看來宛如沸騰。

這是黃鰭鮪的大洋生存策略，也

★ 1　絕大多數魚類都是冷血動物，少數如黃鰭鮪則屬於溫血魚類。

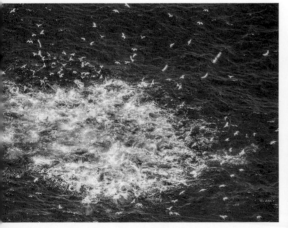

「海豚將燈籠魚群往海面趕，然後是這些每隻一百公斤以上的黃鰭鮪朝魚群猛力衝撞，海面也隨之沸騰了起來。」——製作人 馬克‧布朗勞

因此帶來了嚴重禍害。用來捕捉鮪魚的圍網經常會抓到長吻飛旋海豚，成千上萬的海豚遭受殺害。不過，捕撈法規修訂過後，規定漁民必須使用海豚可以逃脫的漁網，這才將長吻飛旋海豚從滅絕邊緣拉了回來，目前的族群數量也趨於穩定。

■ **上竄下游的海豚**（上）

一大群移動中的長吻飛旋海豚。牠們貼著海面迅速游行，然後躍身往空中一跳，又落入水裡滑行一小段距離，接著再施力游水，如此重複循環。牠們跳到空中是為了降低水中阻力，因此能更有效率地移動。

　　雖然這道防護措施可以讓海豚免於淹死或被漁網纏繞，但是對牠們來說，一次又一次受到誤捕，著實造成相當的壓力。有資料估計，每隻海豚在一年當中被捕捉又釋放的平均次數是八次。在拍攝過程中，馬克和團隊成員也清楚地了解到這一點。

　　「在最後幾天，漁船把我們的直升機當作標的，成為一條通往鮪魚的捷徑。我們從嚮導尼可那兒獲知了捕鮪魚船殺害海豚的可悲事實。即使採用較友善的捕魚技術，還是有許多長吻飛旋海豚因此受到殺害。」

世界速度冠軍

　　世界上最精采的攻擊，一定屬於雨傘旗魚，牠們被譽為世界上速度最快的魚類。跟劍魚、馬林魚一樣，牠們是旗魚的一種，會用長長的「劍」向魚群揮舞，讓餌魚失去活動能力，變得容易捕食。

　　每次攻擊行動參與的魚兒可達四十隻以上，牠們在輪流攻擊餌球之前，會像張開船帆一樣撐開背鰭，同時改變體色。原本銀色或褐色的體側，會突然出現鮮明的條紋與斑點。這是為了傳達牠們的攻擊意圖，也可以威脅體型較小的魚類，將牠們趕成更緊密的餌球。

　　在哥斯大黎加的太平洋沿岸，以及靠近墨西哥猶卡坦半島（Yucatan Peninsula）東北端的大西洋沿岸，若要尋找正在捕食沙丁魚的雨傘旗魚，只要先找到生性敏銳的軍艦鳥即可。軍艦鳥群就好像是告密者，讓哥斯大黎加的旗魚研究計畫成員與墨西哥康昆（Cancun）外海的歐美大學研究者，能夠輕鬆找到餌球，並且仔細觀察魚群的攻擊策略——結果他們發現可能根本就沒有什麼策略！雨傘旗魚和海豚不同，牠們的攻擊似乎不太協調，不過確實也會輪流進行。每隻雨傘旗魚輪流攻擊，衝入魚群內，速度相較於平時是相對緩慢的。牠們的長吻上覆滿了銼刀般的小牙齒，有助於抓住獵物；儘管有百分之九十五的攻擊都能讓獵物受傷，卻只有四分之一的雨傘旗魚能撈到一口食物。

　　有趣的是，雨傘旗魚單獨獵食的時候，吃到的食物竟然比集體獵食來得多，不過集體獵食的好處在於牠們不用付出太多力氣。這是一種在大洋中節省能量的覓食法，科學家認為，這種輪流進食的行為可能是一種演化先驅，後來才有其他群居動物表現出來的複雜合作獵食策略，例如海豚。

■ 會游泳的刺劍
一群雨傘旗魚正在圍捕小型魚類形成的餌球。

最美麗的鯊魚

　　大青鯊會跟著牠的鼻子移動。這名優美的越洋旅行者能以最少的力氣航行最遠的距離，這是因為牠那有如滑翔機的體態、細長的身軀，以及翅膀般長長的胸鰭。在漫長的遷徙旅途中，牠會朝海面游去，然後緩緩往下滑行，一次又一次地重複這種有效節能的模式。研究鯊魚的科學家認為大青鯊是最優美的鯊魚，牠的身體完美地適應了大洋生活。

　　大青鯊的覓食策略十分簡單，只要動動鼻子就好，牠確實有條件做到這點。

　　關於鯊魚的嗅覺，有許多誇大的說法，例如牠們能嗅到一英里外的血腥味，或是在奧運規格的泳池裡辨識出一滴魚油，這些大部分都不是真的。鯊魚的嗅覺確實比人類好，也有種間差異，不過，佛羅里達大西洋大學的生物學家針對好幾種鯊魚和魟魚進行測試，發現鯊魚事實上並無法在奧運規格泳池裡聞到任何水滴大小的東西。儘管如此，的

■ 海中靈犬（下）
　體態細長的大青鯊分布於全球溫帶與熱帶海域，
能夠在大洋間長距離旅行。

確有幾種鯊魚能在十億滴水裡察覺到一滴不同氣味，這相當於家庭泳池裡的一滴血，也差不多是沿海區溶解在海中的氨基酸與蛋白質的背景濃度。若是牠們的嗅覺再精細的話，就會無法分辨食物和其他化學物質的差異。然而，在開闊大洋，像大青鯊這樣的鯊魚很可能察覺得到更低的濃度，這是由於大洋的背景「噪音」比較小。

　　魷魚和小型魚類是大青鯊的主食，不過牠們是機會主義者，對任何會引起感官反應的事物都很有警覺，即使是磷蝦這種會被牠們鰓上特殊構造「過濾」掉的小型動物亦是如此。大青鯊會四處上下游動，碰碰運氣，確認洋流的不同深度是否有任何食物的細微氣味，牠們

盡可能地利用海洋結構來發揮優勢。大青鯊的大腦約有三分之一用來理解氣味，牠們運用強力嗅覺，比較左右鼻孔之間的氣味強度，然後順著味道追至源頭。例如，最近才被船撞到的一具長鬚鯨浮屍。

據說，大青鯊會食用鯨魚和其他海洋哺乳動物的屍體，BBC團隊用影片證實了這一點。大青鯊圍著鯨屍緩慢游動，每繞一圈，和鯨屍之間的距離就縮短一點，牠們用感官搜尋著屍體上任何的危險跡象。突然間，有隻鯊魚帶頭咬了一口。這是讓其他鯊魚也跟著開動的信號。牠們紛紛張開大口咬下，先以短劍一般的下顎利牙卡住鯨魚肉，然後大力地甩頭，讓上顎的三角尖齒可以切斷鯨肉、鯨脂。不幸的是，牠們長長的鼻尖很礙事，不得不把頭抬高，有時鼻尖因此露出海面。從前沒人發現這個行為，不過牠們的努力是值得的。鯨脂的熱量尤其高，鯊魚群進食了將近八小時，把自己塞得飽飽的。這一餐可以讓牠們好幾天都不用吃東西，消化過的油脂會被儲存在碩大的肝臟裡，讓牠們有能量來應付接下來的艱苦時日，也能避免惹上麻煩。

吃了鯨屍的鯊魚十分滿足，所以比較不會受延繩捕魚（long-line fishing）的魚餌吸引。漁民感興趣的是鯊魚長長的魚鰭，抓了好賣到利潤豐厚的魚翅市場。即使人們知道大青鯊體內有高含量的有害重金屬（汞和鉛），每年仍然有數百萬計的大青鯊受殺害。健康警告無效，鯊魚的美麗魚鰭仍然造成了牠們的死亡。

■ **鯨魚的味道**（次頁左上）
大青鯊在鼻子的引導下，找到一具浮在海面的長鬚鯨屍體。
■ **鯨魚大餐**（次頁右上）
大青鯊在開動之前先繞著屍體檢查一下。
■ **高能量鯨脂**（次頁下）
大青鯊的下顎突出，鼻尖又長，讓牠很難把鯨脂撕下來。

黃色小鴨漂流記

大青鯊旅行的距離非常遠，牠們不是倚賴肌肉的力量，而是隨著洋流漂移。舉例來說，在大西洋北半部，牠們會順著北大西洋環流順時針移動。亞述群島有一隻做了標記的雌鯊，在兩年半以內旅行了至少兩萬八千公里，差不多就是順著環流繞行整個北大西洋所需要的時間。

其他大洋也有類似的環流。在北太平洋，科學家研究了海洋環流的一些細節，這部分要歸功於一起幸運的意外。一九九二年一月十日，一艘名為長冠號（Ever Laurel）的貨船，在太平洋中部靠近夏威夷的海域遭遇風暴，幾個貨櫃落水。其中一只貨櫃裡裝滿了兩萬八千八百個洗澡玩具——塑膠黃色小鴨、綠色青蛙、藍色烏龜，和紅色海狸；因為貨櫃破裂，這些玩具全部流入大海。這個事件開啟一項偉大的科學研究，並持續了二十五年。這些黃色小鴨，以及它們的朋友——「友好漂浮物」（Friendly Floatees），也就是這些玩具的品牌名——最先在一九九二年十一月出現於阿拉斯加海岸，然後又陸續出現在世界各地的海灘。直到現在，依然可以發現它們的蹤跡。

西雅圖海洋學家柯蒂斯‧埃貝斯邁爾（Curtis Ebbesmeyer）和詹姆斯‧英格拉漢（James Ingraham）四處探訪那些找到小鴨的海灘拾荒者，並藉此得知了洋流和環流的運行方式。其中一項研究成果是，他們發現一群黃色小鴨相隔三年再次出現在阿拉斯加海岸，因此推斷出這就是該環流的海水循環一周所需的時間。他們也發現，每一個環流的速度都不同。黃色小鴨最遠曾在二○○七年抵達英國，它們是在前往大西洋途中被冰封在北極冰裡，這進一步證實了所有海洋都是單一系統的一部分。當然，海洋生物懂得充分利用這個特性，漂流者尤其如此。

■ 黃色小鴨（下）
類似照片中的洗澡玩具，從太平洋中部的一艘貨船中流入大海，隨著洋流漂浮到世界各地，最遠曾到達不列顛群島。

成千上百的僧帽水母在海面上聚集。牠們會隨著洋流漂浮，也會受風吹推動。

漂流者

雖然所謂的「漂流者」會乘著洋流進行遠距旅行，不過牠們大部分都能獨立自主地行動。在諸多漂流者中，最受注目的無非是各式各樣的水母。讓人訝異的是，水母並不只是一袋袋不會動的果凍，而是會努力朝自己想去的方向移動，在水層裡上上下下，甚至穿越、逆著洋流而行。不知何故，水母似乎知道自己在哪裡，也知道要往哪兒去，這種能力目前仍然讓科學家十分困惑；更值得注意的是，牠們在大海中並沒有固定的視覺參考點。

水母體內的水分佔了將近百分之九十七，所以沒有浮力問題，也就不需浪費能量長出漂浮器官或氣囊；牠們身上甚至沒什麼好吃的。許多種水母，如海月水母，身體幾乎完全透明，因此很難被發現。然而，在條件適當時，會

有數十億隻水母集結在一起，形成季節性群聚，牠們塞滿整個海面，從地平線的一端延伸到另一端。這會吸引愛吃水母的動物，其中有些是乘著洋流遠道而來，就是為了要享受這頓盛宴。

在太平洋，愛吃水母的稜皮龜踏上了有史以來最遠的海龜遷徙旅程。牠們從西南太平洋的巴布亞（位於印尼）築巢地出發，跋涉了二萬零五百五十八公里，來到東北太平洋美國俄勒岡州近岸覓食，這裡有著數量豐富的水母。不過，就在牠們準備踏上歸途的時候，科學家失去了追蹤訊號。稜皮龜就像所有海洋爬蟲類一樣，必須浮上海面呼吸，因此，許多在北方海域的「海蛇」*目擊記錄，很有可能就是牠們。

有種水母值得特別注意，牠們有

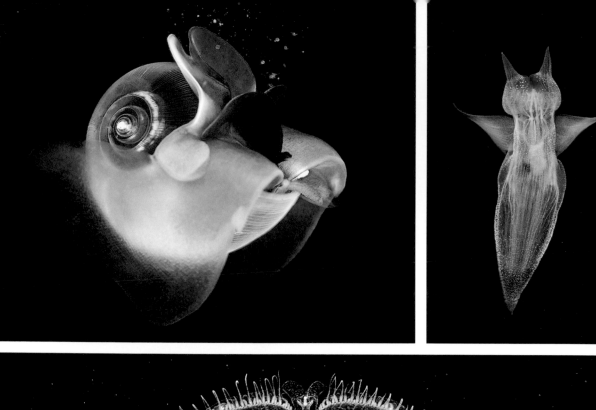

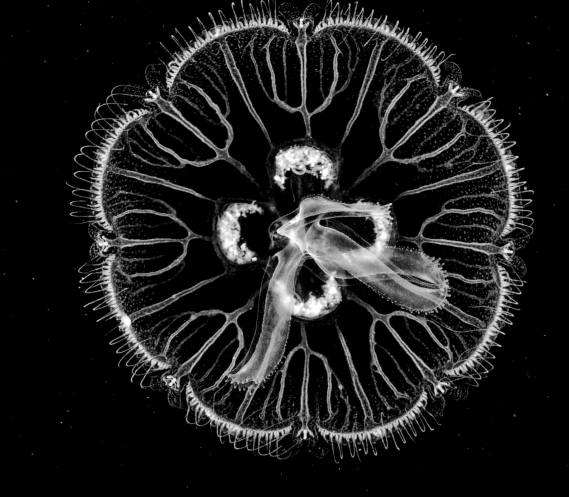

■ **漂浮的水母**（上）
　水母的身體密度大約與水相同，所以不會下沉，
　牠們可以直直往上游泳，也可以上下顛倒。
■ **海蝶**（前頁左上）
　這個小傢伙是會游泳的海螺，牠的腳呈兩片葉
　狀，用來拍動推進。
■ **海天使**（前頁右上）
　這是一種會游泳的海蛞蝓。牠會用「翅膀」划水，
　以海蝶為食。
■ **海月水母**（前頁下）
　海月水母近乎透明，若隱若現，只有馬蹄形的生
　殖腺會暴露牠的行蹤。

───
★1　海蛇（sea serpent）：一種傳說生物，許多神話都
有描述。
★2　管水母（siphonophore）屬於水螅蟲綱，而「真水
母」（true jellyfish）指的是缽水母綱。牠們都是刺胞動
物門之下，通稱「水母」的生物。

部分身體幾乎一直浮在海面上，不過
牠們不是真水母，而是由四種生物組成
的一種管水母★2。這裡指的是眾所皆知
會引起劇痛的僧帽水母（又稱葡萄牙戰
艦），牠們身上有一個充滿氣體的帆狀
結構，能像帆船一樣被風吹著前進，也
就是說，牠們同時受到風力與海流的推

動。船帆下方是牠們長長的觸手，一般
可達十公尺長，也曾有長達三十公尺的
記錄。觸手上長著一排排的刺細胞，光
是碰到就可以殺死一條魚。因此當人們
發現卵形高體鯧竟然可以無憂無慮地生
活在僧帽水母之間，著實令人訝異。我
們還不清楚，是因為牠們對毒素免疫，
或只是非常小心地不要接觸；但無論如
何，這種魚肯定非常敏捷，而且對於自
己用來藏身的東西不太挑剔。

　　卵形高體鯧，或是其他長鯧科魚類，
都曾經被發現躲在漂浮的冰箱底下，以
及任何不會下沉的東西底下。許多大洋
魚類都有類似的行為，牠們會尋找任何
浮在海面的物體並躲在下面，這就是牠
們的避風港。BBC團隊曾經看過幾條小
魚躲在一枝畫筆之下；由此可知，一塊
大型漂流木絕對具有不同凡響的吸引
力，可以成為整個漂浮生態系的中心。

消失的歲月，與一根浮木

倒下的粗樹枝被河流沖入大海或從沿海懸崖掉落以後，就會在海中成為藤壺和藻類附生的地方，吸引了幼海龜前來覓食。這根浮木是牠們的救生筏，而牠們在此現身，也替一個長久以來的生物學謎團提供了解答。幼海龜孵化後會離開海灘，朝著大洋游去，這可能是牠們一生當中最具挑戰的時期，科學家將這段時間稱為「消失的歲月」，因為直到五年後返回同片海灘產卵之前，沒有人知道牠們到底去了哪裡。現在，我們終於知道了。

「我們偶然找到解答時，並沒有意識到這一點。」約翰・魯斯文表示，「在澳洲東海岸一百六十公里之外，海深三公里處，我們在海面發現了一根浮木。我們潛到浮木下方，發現有許多動物躲藏在那裡，包括一隻體型中等的玳瑁幼龜。這大概就是牠在『消失的歲月』的去處。」

「科學家可以利用微型衛星標識器來追蹤這些小海龜的蹤跡。根據訊號，剛孵化的幼海龜會游到相當遠的大海裡，標識器上的溫度感應器顯示，這些小爬蟲類會盡量待在靠近海面、受到漂浮物遮蔽的地方，藉此保持溫暖並更快成長。

「孵化後，幼海龜得面對岸邊一群讓牠望之生畏的掠食者，因此必須冒險前往遠洋。當幾隻長鰭真鯊從牠身旁經過時，我很懷疑牠這個選擇是否正確。不過，任何能提高千分之一存活率、讓海龜平安成年的方法，對牠來說應該都是有用的吧。」

幼海龜就像許多年幼的海洋生物，會乘著洋流而行，藏身於漂浮廢料、投棄貨物、浮木與海草筏之下，例如位於北大西洋環流的馬尾藻海（Sargasso Sea）的海草筏。一排排的馬尾藻在這兒四處漂流，馬尾藻是一類褐藻的總稱，靠著氣囊漂浮海面。它們是一群特化動物群集的居所，包括馬尾藻梭子蟹，以及善

於偽裝的裸鰻魚。以上所述都是幼海龜最喜歡的藏身處，不過這些微型熱點也會引來不速之客，其中最喜歡來拜訪的就是開闊大洋的掠食者，約翰看到的這隻長鰭真鯊就是如此。

這隻鯊魚察覺了一絲食物跡象，便肆無忌憚地游了進去。牠可能好幾週沒進食了，因此完全不浪費時間。相較於海龜，牠更喜歡吃魚，所以這次攻擊應該是個例外。然而，這裡還有另一種長著電鋸般利齒的危險大型動物，能夠輕易切開幼海龜的殼，而且牠會刻意以這些大洋漂流者為目標。牠就是鼬鯊，不久以前牠們還被認為是沿岸動物。然而，標識器的研究顯示，加勒比海的鼬鯊每到夏天就會前往大西洋進行短距離探索，尋找天真又好捉的赤蠵幼龜。

■ **大洋中的藏身處**（下）
幼海龜在一片漂浮海面的馬尾藻底下尋求庇護。

海洋垃圾場

在過去，幼海龜用來藏身的漂浮殘骸大多是天然的，不過現在幾乎都變成了塑膠垃圾。人們推估，每一天的每一分鐘都有相當於一輛大垃圾車的塑膠被倒入海中。它們造成的影響是場生態惡夢。

數以千計的海龜，要不是被廢棄的尼龍漁具勒死，就是因將塑膠袋誤認為水母而誤食造成窒息死亡。據估計，現存超過一半以上的海龜，以及百分之九十左右的海鳥，都曾經誤食塑膠。有些動物吃了塑膠後產生飽足感，反而因

■ 胃裡的東西（下）
這隻鳥的胃壁腐爛以後只剩下一堆塑膠垃圾。牠很可能是因為消化道阻塞而餓死的。

此餓死，牠們都是因為受騙上當才吃下塑膠。在開闊大洋，信天翁、海燕，與大水薙十分仰賴牠們的敏銳嗅覺，而那些聚在塑膠上的腐爛藻類聞起來就跟水煮甘藍的怪味差不多，導致鳥兒受騙吃下肚。科學家研究海洋性島嶼的信天翁巢位時，常常會發現鳥屍，死因是誤食海上塑膠而造成腸胃阻塞。

不只是肉眼可見的塑膠會造成問題。塑膠受陽光曝曬而降解（degraded），

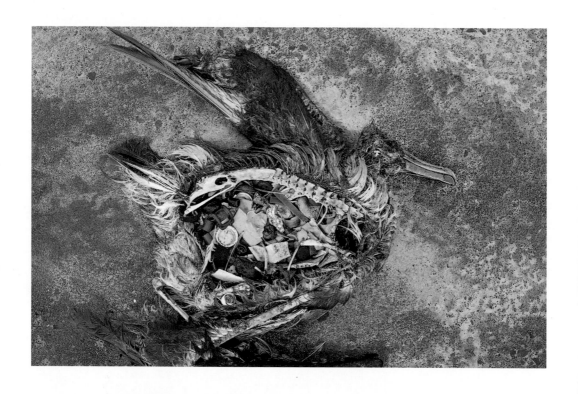

■ **塑膠水母**（上）
在特內里費島外海，一隻綠蠵龜誤把透明塑膠袋
當成水母。

又因海浪作用被磨成微粒，形成了肉眼
不可見的塑膠湯，然後被刮食性浮游動
物吃下肚，進入食物鏈，並逐漸累積在
更高階的動物體內。雖然塑膠微粒可以
通過掠食者的消化道，不過讓人顧慮的
是，它們會在腸胃釋出有毒化學物質，
並集中在血肉裡，最後進到愛吃海鮮的
人嘴裡。現在，一般認為在北太平洋環
流中心這種缺乏營養的海域當中，塑膠
微粒比浮游生物多出六倍。有些魚類更
偏好吃塑膠，而不是天然食物，這導致
整個生態系中毒，包括位於終端的我
們。而我們至今還沒認清後果。

海底山脈中央

大洋的旅行者，無論是簡單的水母或複雜的鯨魚，對牠們來說最重要的就是要知道自己的位置，以及應該前進的方向。我們有指南針和GPS，海洋生物其實也沒太大不同，只不過牠們倚賴的是一種能偵測地球磁場的特殊「第六感」。即使簡單如水母，似乎也有這樣的能力。

許多動物會利用磁場來導航，地貌也有助於定位，例如每座海底山（seamount）都有各自不同的磁場特徵。科學家追蹤的大翅鯨、長鬚鯨、藍鯨與露脊鯨等，都會從一座海底山游到另一座。對牠們來說，大海並非一成不變的藍，只要有「地磁心智圖」，海底山就成了牠們的導航燈塔。

事實上，海底山與火山島在大洋動物的生命中有著非常重要的作用。牠們將這些地方當成宿舍、托兒所、聚會地點與覓食場所。例如，大群大群的紅肉雙髻鯊就會在這些地方休息，這些鯊魚會在白天漫無目的地游來游去，到了晚上才陸續離隊去獵食。夏威夷的長吻飛旋海豚也有類似的日常模式。

海底山會讓深海洋流偏轉，將位於海底的營養物質往上帶，因此周圍水域富含海洋生命。在加納利群島一帶，由於食物供應充足，短肢領航鯨早已定棲，常年在此育幼。

■ **喪子的母鯨**（下）

領航鯨母親似乎在哀悼浮在海面的死亡幼鯨，其死因可能是塑膠或母鯨乳汁內的塑膠相關化學物質所導致的中毒性休克。一隻大青鯊和鮪魚正等著母鯨離開，好享用大餐。

■ **雙髻鯊群**（次頁）

數以百計的紅肉雙髻鯊聚在加拉巴哥群島的達爾文拱（Darwin's Arch）。白天牠們四處游來游去，好似在休息。到了傍晚，鯊魚各自離群，準備夜間狩獵，直到黎明才回來。

■ 鯨鯊托兒所
挺著大肚子的母鯨鯊抵達加拉巴哥群島，準備在
那裡生產。

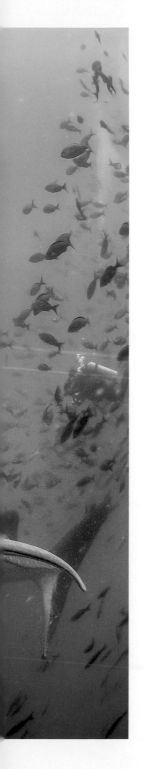

精確導航

　　鯨鯊以火山島周圍海域為育幼地，牠們會利用特殊的第六感找到這些地區。舉例來說，東太平洋的鯨鯊，會在加拉巴哥群島的達爾文拱一帶露面。達爾文拱只不過是一塊岩石，但是每年的六月到十一月間，平均會有一千兩百隻巨大鯨鯊出現，而且幾乎每隻都懷有身孕。

　　科學家相信，鯨鯊之所以能在大海裡找到這個小地方，是因為其鼻端小孔裡的電感受器引導牠們。這些電感受器可以偵測到洋流中因地磁而生的電場。如此一來，鯨鯊就能精準地定位出小島位置；只要角度差了一點，就可能完全找不到。不過達爾文拱就像所有的火山島一樣，有其獨特的強弱磁場標識，會從島嶼輻射而出，提供大洋旅人一張磁場地圖。達爾文拱就好比東太平洋磁場公路上的一個圓環匝道。

　　雌鯨鯊的膨脹腹部表示牠可能懷孕了，肚子裡最多可能有三百隻鯨鯊寶寶等待出世。這是個挺奇怪的生產地，因為周圍有許多大型掠食者，包括鼬鯊在內；不過牠還是在幾隻體型較小的鐮狀真鯊伴隨下，沿著火山一側往下潛。BBC團隊在牠身上裝了一台攝影機，就跟裝在抹香鯨身上的差不多，於是得以首次觀察鯨鯊的活動。拍攝畫面顯示，這些鐮狀真鯊會撲向鯨鯊，用身體摩擦鯨鯊粗糙的皮膚，這個動作可能是要磨掉自己身上的寄生蟲。這個現象十分普遍，不過BBC攝影機記錄的畫面卻讓科學家非常震撼。每當鐮狀真鯊接近，就會出現一種奇怪的咆哮聲。這種行為是第一次有人發現，但沒人知道究竟是什麼。

　　然而，當母鯨鯊越潛越深，其他鯊魚就紛紛離去了。牠應該是在深海某處進行生產，但是沒有人親眼目睹。島嶼周圍的岩石與海底峽谷提供了幼鯨鯊的躲藏處，母鯨鯊履行完身為母親的職責以後，便突然消失在藍色大洋，就如牠抵達時一樣神出鬼沒。而牠身上的攝影機在幾天後浮到了海面上。

最後的犧牲

鯨魚和鯊魚在海浪下方穿越大洋的同時，海鳥則在海浪頭上進行驚人的旅程。漂泊信天翁一年當中最多會環繞南冰洋四次，而且在每兩年一次的繁殖季之間，幾乎不會登上陸地。

漂泊信天翁的翅膀又長又窄，狀似滑翔機的機翼，展開長度超過三公尺，為所有鳥類之最。雌鳥一天的飛行距離可超過九百公里，而且大部分時間都不需要拍翅，只利用風來滑翔。現在，這隻雌鳥回到繁殖地，這可能是牠最後一個繁殖季。在南大西洋的南喬治亞群島西北端，有一座偏遠的鳥島（Bird Island），在這裡共八、九百對的龐大群體中，牠找到了長期配偶，接著就會開

■ **老友相見**（上）
漂泊信天翁通常終生不換配偶。在海上分離好幾個月以後，牠們會以一支精采的舞蹈互相問候，重新建立感情。

■ **翱翔南冰洋**（左）
漂泊信天翁每次出去捕魚，可以在二十天內飛上一萬公里，然而牠們翱翔的方式極有效率，所耗費的能量只比在築巢地多一點點而已。

始孵育下一代。每對配偶一次只會產下一顆蛋。近年來，漂泊信天翁的數量因為誤食塑膠，或是延繩捕魚誤捕，正不斷地下降，所以每隻幼雛都非常重要。

漂泊信天翁配偶重逢時，興奮之情顯而易見。牠們拉長自己的脖子，張開雙翅跳舞。

「牠們的叫聲非常奇特，幾乎像是尖叫，還會震動鳥喙，頭向後甩的時候會持續發出短而尖銳的碰撞聲。」英國

南極調查局的動物學家露西‧昆恩（Lucy Quinn）回憶道。

　　看到鳥兒之間展現的豐富情感，很難不受到感動。不過從比較務實的角度來看，牠們如此外放的情感聯繫，可以讓牠們在漫長一生中培育出約二十隻後代。大多數漂泊信天翁的壽命是五十年，而這對佳偶已經四十多歲，應該是牠們最後幾次交配了。

　　英國南極調查局的科學家很清楚牠們的故事，畢竟他們在鳥島監測這些鳥兒已將近六十年。他們彙集了世界上最長的動物資料集，也發現了一些非常了不起的結果。他們知道，這會是這對配偶最後的幾隻幼雛，因為牠們已經進入晚年，繁殖活動減少。然而，牠們會在最後一次嘗試繁殖時，增加親代投資（parental investment），因此繁殖成功率也獲得顯著提升。年邁的雌鳥與其配偶，強迫自己以前所未有的方式來回飛行搜集食物，為每一餐跋涉數千公里；這也無可避免地造成了重大損害。為了某種原因，這對年老的信天翁提供牠們的最後一隻幼雛最佳生存機率。至於為何知道自己即將死去，又為何知道這是牠們最後一次的繁殖機會，又是大自然的另一個謎團了。

■ 飢餓的大幼鳥（下）
　由於身披厚實羽絨，成長中的漂泊信
天翁幼鳥看起來甚至比父母還大隻。
牠會在巢裡待九個月才離巢。

■ 信天翁調查（右）
　英國南極調查局的露西·昆恩與她研
究的一隻鳥。

「牠們伸展雙翅跳舞時，假使你剛好在旁
邊，就可以感受到牠們打開巨大翅膀時
空氣發出的呼呼聲。」
　　　　——動物學家 露西·昆恩

大型聚會

斯里蘭卡西北岸外海,研究抹香鯨行為的科學家遇上了一則更大的驚喜。印度洋的抹香鯨跟多米尼克的同類一樣,行小群體生活,由於牠們對覓食和社交互動的區域十分忠誠,不同地方的抹香鯨群通常不會混在一起。舉例來說,斯里蘭卡的抹香鯨與馬爾地夫或模里西斯的抹香鯨就分得很開。所以你可以想像一下,當賞鯨者在斯里蘭卡看到來自許多不同群體的三百隻抹香鯨聚在一起,會有多麼驚訝。研究員優蘭·波席格就親眼目睹了這個不尋常的事件。

「水下攝影師丹·畢勤與迪迪埃·諾朗(Didier Noirot)悄悄溜進水中。我們把引擎關了,在水裡慢慢等待。超過二十隻抹香鯨向他們游了過去,所以我們知道應該可以拍到一些精采鏡頭,不過接下來鯨魚改變了方向,在我們意識到之前,鯨群已經完全包圍了我們的小船。鯨魚離我們非常近,只要伸手就可以摸到牠們。」

同一時間,丹正身處鯨群之中。「我被鯨魚包圍,左方、右方和下方都有牠們的身影。這麼多隻鯨魚同時發出咔嗒聲溝通,聲音之大,我幾乎可以感受到聲音在我的身體裡迴盪。」

丹所經歷的這種密集交談,就好

比是鯨魚的雞尾酒會或家庭聚會。這種大型聚會可能是抹香鯨行事曆裡的重要「文化」活動。如同人類會將語言或食物等文化傳承下去,鯨豚類可能也會這麼做。斯里蘭卡的抹香鯨可能正在交換有關最佳獵食地點的資訊,又或者是,這片海域是牠們與異性碰面的約會地點。沒人能夠確知。不過,對多米尼克的謝恩·傑羅來說,有件事情是非常清楚的:聲音對巨鯨的生活至關重要。

「在黑暗的深海中,牠們的世界是聲音的世界。牠們透過聲音來觀看,用聲音來獵食,用聲音來導航與溝通。身為視覺動物的我們,很難想像海面下到底有著什麼樣的生活。」

在斯里蘭卡外海,體型龐大的雄性抹香鯨幾乎遮蓋了雌鯨,有這麼多家庭群聚一堂是非常罕見的事情。無論原因到底是什麼,抹香鯨似乎具有在大藍海生存的絕招——驚人的自然聲納系統、卓越的社交智商與溝通,以及充滿許多傳統成功策略的多元區域文化。

大海中的抹香鯨本來就非常引人注目,捕鯨船隊直到一九八〇年代都還在獵捕牠們頭部的鯨蠟油(spermaceti

oil）。時至今日，人類仍然是抹香鯨的主要威脅，這點尤其重要，因為牠們豐富、複雜的生活正岌岌可危，而我們仍然不太認識這個大洋遊牧民族的多元文化。

「抹香鯨和人類共存了許許多多的世代，」謝恩·傑羅指出，「甚至早於人類開始直立行走。在我們把太空人送上月球、機器人送上火星之際，抹香鯨生存的深海還是陌生未知。斯里蘭卡外海的大規模聚集，是地球上最大、也最令人迷惑的水下奇觀，讓我們有機會在這個難以探索的領域中，一窺牠們的生活方式。」

「我被鯨魚包圍，左方、右方和下方都有牠們的身影。這麼多隻鯨魚同時發出咔嗒聲溝通，聲音之大，我幾乎可以感受到聲音在我的身體裡迴盪。」
——攝影師 丹・畢勤

■ **大型聚會**
水下攝影師迪迪埃・諾朗潛入印度洋斯里蘭卡外海的抹香鯨群當中。

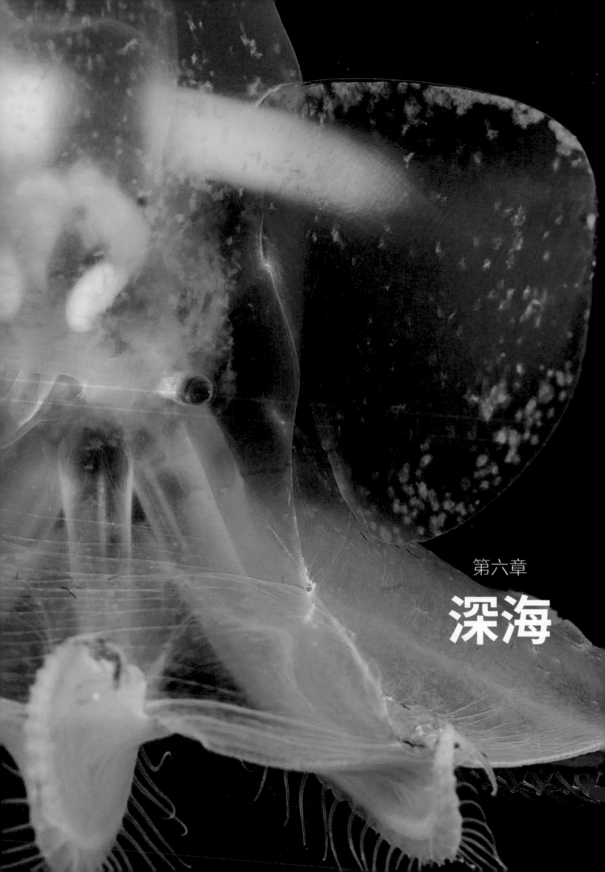

第六章

深海

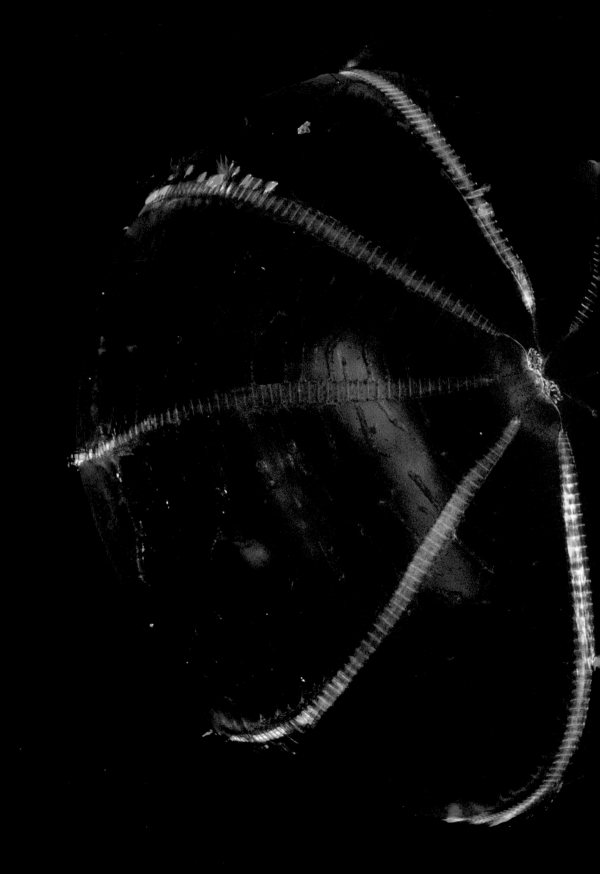

■ **瓜水母**（左）
在所有用纖毛游泳的非群體動物中，櫛水母（ctenophora）是最大的一類。他們身上的顏色並非生物發光（bioluminescence），而是因為纖毛移動時光線散射所造成。
■ **透明章魚**（前頁）
這個章魚新種於北極深海發現，目前尚未命名。

　　海洋深處是個令人毛骨悚然的神祕世界，至今大部分深海區域仍然未經探勘，有關深海的資訊也是直到近年才開始出現在世人眼前。那是個陽光無法抵達且壓力大到難以想像的地方，我們很難理解，生命到底如何在這種環境存活；然而，那裡同時也是海洋中最大的生活空間，可能有著比其他所有海洋棲息地加起來還多的物種……不過沒人能夠肯定。

　　至今已有十二人曾在月球漫步，但是到過海底最深處——挑戰者深淵（Challenger Deep）的人，卻只有三位。我們的火星表面地圖甚至比自家地球海底還來得詳盡。不過情況正在改變。深海在過去可能一直是人類的禁區，不過我們現在有了「太空船」，可以去內太空探險，還有能夠看穿漆黑深海的新眼睛。我們有能夠承受巨大壓力的深海潛水器，載人的與遙控的都有；我們發展出新的採樣技術，攝影平台和圖像擷取也大有進展。這些改變為我們揭露了一件事：深海處處充滿驚喜，儘管不是所有驚喜都受人歡迎。

　　有些發現是讓人比較憂慮的，例如在開曼海溝兩千三百公尺深處的易開罐、太平洋海底熱泉旁的塑膠袋，以及大西洋中部離陸地一千公里遠、一千五百公尺深的食品包裝。幾乎每一次突破性的下潛，深海潛水器裡的科學家都會找到人類製造的垃圾，所有大洋皆然，即使在海底最深處。我們的垃圾都比我們還早抵達地球的最後邊界。

冷冰冰的開始

南極是地球上最冷、最乾燥也最多風的地方，因此從這裡開始講述深海的故事，也許有些奇怪。不過越來越多證據顯示，目前生活在深海深淵的生命形式，牠們的祖先原本生活在過去南方大陸的邊緣。

一來，南極近岸水域並不尋常，極地冰層的重量將整個南極大陸往下壓，因此大陸棚比其他大陸低了許多。相較於其他地區大陸棚的一百至兩百公尺深，南極大陸棚外緣的深度通常在五百至六百公尺。此外，南極海域也有深谷，有些深度超過一公里。從大陸斜坡沖下來的強力濁流（turbidity current）刻劃出這些地形，就像雪崩一樣，濁流沿路捲起沉積物，速度也越來越快。即是說，這裡的環境條件與部分深海地區並沒有太大差異，這也讓科學家認為，南極洲大陸棚或許是海底世界的閘道。

在南極，海水結冰以前的溫度可以降到攝氏負兩度左右。然而這現象並非一直如此：這裡曾經屬於亞熱帶。後來，岡瓦納古陸分裂，南極洲和其他大陸分開，氣候慢慢變冷，並在兩千三百萬年前左右的德雷克海峽（位於南極半島與南美洲南端之間）形成之時，達到巔峰。這促成了南極繞極流（Antarctic Circumpolar Current），也因此將南極確實地和其他溫暖海域隔絕，成了「冰凍大陸」，而氣候變化也讓生活在南極海岸周圍的動物族群產生巨變。

舉例來說，魚類的身體組織在攝氏負○‧八度會凍結，而蟹類與龍蝦無法調節體內的鎂含量，因此能在南極水域生活的物種並不多。對這裡的魚類來說，這代表數百萬年的漸進式族群變遷，牠們從無法生存於寒冷環境的物種，演化成具備生存條件的物種。

南極鱷冰魚的血液中有抗凍劑，卻沒有紅血球，看起來就像一條鬼魚。然而，沒有血球的血液在寒冷環境中比較容易流動，而且水溫越低，血液含氧量越高，所以牠們也不是那麼需要紅血球。足夠的氧氣溶解在牠們的血液中，就可以維持生命。南極鱷冰魚及其近親──犬牙南極魚，可能是從行動緩慢的底棲魚類演化而來，牠們的祖先或許有

■ **死星**（次頁左上）
南極巨海星會用許多隻捲曲腕足捕捉磷蝦，一旁的南極冰魚正等著要偷走牠的獵物。

■ **南極鱷冰魚**（次頁右上）
英國探險家詹姆斯‧克拉克‧羅斯爵士（Sir James Clark Ross）在南極探勘期間（1839-1843）初次看到這種鱷冰魚。不幸的是，在為牠做適當描述之前，船上的貓就把牠吃了。

■ **飛行的羽毛撢子**（次頁下）
從阿路西亞號的潛水器觀察到，這隻外型纖巧的海百合正用腕足上的羽肢游泳，幫助牠在水層中上升。

> 「我們身陷海底暴風雪，規模之猛烈，如果停靠在海床上，潛水器的壓克力圓蓋就會覆上一層又厚又白的『雪』。好像坐在玻璃雪球裡面。」
> ——製作人 奧拉·多赫提

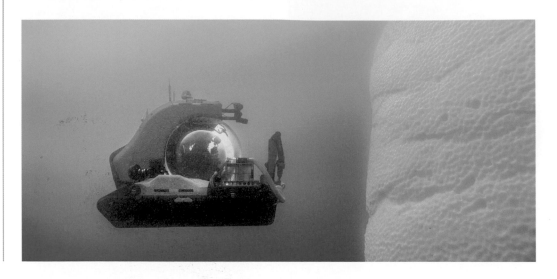

■ 白色懸崖（上）
阿路西亞號上的載人潛水器——深海漫遊者（Deep Rover）逐漸接近南極半島外海一座巨大冰山的垂直冰壁。

正常的血液，後來演化出特殊能力，才得以在這個充滿挑戰性的新棲地生活。

犬牙南極魚就如同許多常駐此地的掠食者，動作很慢，牠們倚賴隱身潛行與伏擊來捕食。另外，科學家推測，鱷冰魚會在海床保持不動，用牠們極長的胸鰭和尾鰭形成一具三腳架來支撐身體，類似於深海平原（abyssal plain）的腳架魚。牠們不會去追逐任何東西，而是靜靜等待獵物經過，這種久坐不動的生活方式能夠避免不必要的能量消耗。

魚類數量稀少，意味著無脊椎動物在這片水域佔有優勢地位；事實上，這裡的海床有著地球上密度最高的海洋無脊椎動物族群。這裡擠滿了陽燧足、海星、海百合、海葵、海參、扇形珊瑚、軟珊瑚、海鞘與數不清的海洋蠕蟲，還有深海水母和適應冷水的章魚等。在這裡生活的八千兩百種已辨識物種之中，絕大多數都是無脊椎動物。對搭乘載人潛水器的《藍色星球二》製作人奧拉·多赫提（Orla Doherty）來說，這是一次美得令人屏息的經驗，儘管偶爾也令人生畏。

「我們完全無法預期會找到什麼——豐富的海底生命，足以媲美珊瑚

礁。那裡有一整片豐饒的生命與繽紛的色彩，是我們過去兩年半裡下潛的任何地方都無法比擬的。

「第一天，我們被一大群磷蝦包圍，牠們是受到我們的光線吸引，數量之多，讓駕駛員幾乎看不到行進方向。我們把燈關掉，希望磷蝦就此解散，然後就出現了我從未預期過的場景。環繞著我們的是整片一望無際、忽明忽暗的藍色光點——發光的磷蝦。人類第一次在野外觀察到這個現象，而我們的專業低光攝影機也能為節目記錄下來。」

這些動物所需的食物會慢慢從上方滲下來——磷蝦的脫皮與死屍、浮游植物殘骸，以及夏季前來覓食的大翅鯨所排放的糞便等。確實，到了夏季，在這個地區進行研究的科學家所注意到的第一個現象，就是這種極大量的「海洋雪」，而這也是奧拉和她的團隊成員經歷的另一個難忘的南極經驗。

「我們身陷海底暴風雪，規模之猛烈，如果停靠在海床上，潛水器的壓克力圓蓋就會覆上一層又厚又白的『雪』。好像坐在玻璃雪球裡面。」

鮮豔的海百合就在這場海洋雪當中覓食。束狀的牠們，看起來就像是活生生的羽毛撣子，其祖先的化石記錄可以回溯到四・八億年前。牠們揮舞著纖細的腕足，慢慢在水層中爬升；一下子隨著洋流漂浮，一下子又緩緩沉入海床，不停地尋找攔截海洋雪的最佳位置，而且捕食動作非常有效率。微小的管足先將食物微粒引導到腕足上的溝，再用布滿於溝上的毛髮狀細胞，將食物微粒往嘴裡掃。海百合的嘴巴位於身體上方，這點和海星不同。

密集得不可思議的南極磷蝦、糠蝦，與端足類動物是各種海洋生物的食物，其中體型最大的是直徑達六十公分的南極巨海星。這種貪食的太陽海星[1]生活在海底，由於掠食效率極高，製作團隊暱稱為「死星」（death star）。牠們最多能有五十隻腕足，比一般的海星多出十倍；而且牠們會把腕足捲起來，像是釣竿一樣高舉於海床上，攔下經過的磷蝦和小魚，一有東西撫過就馬上用小小的螯將之夾住。接下來，食物就會被送到體盤下側的口部。

纖細脆弱的海百合在這些水域中數量豐富，死星可以將腕足高高舉起而不受到攻擊，因為魚類數量少到不用擔心被吃；事實上，魚類的匱乏意味著死星是這裡的頂級掠食者之一。不過，牠也不是真的可以為所欲為。生活在這裡的少許魚類中，有一種胖乎乎的小型南極冰魚，會溜進死星的口中偷走獵物。

——
★ 1　太陽海星（sun star）：指海星綱鉗棘目下的太陽海星科（Heliasteridae）。

穿越閘道

「巨大」是科學家最常用來形容南極洲大陸棚動物的一個詞,因為許多物種都長到驚人的尺寸,科學家將這個現象稱為「極化巨大症」(polar gigantism)。這裡有高達兩公尺的海綿,據信已經活了數百歲;也有長達十公分的海生等足類(isopod)──潮蟲與鼠婦的大型親戚──比牠們為人熟悉的陸生親戚大了許多倍。對有蜘蛛恐懼症的人來說,海蜘蛛絕對是夢魘,其外觀和蜘蛛類似,不過牠們是海蜘蛛綱[*1]。有些海蜘蛛的足展長度可超過四十公分,

★1 一般蜘蛛屬蛛形綱。

■ **冰冷水域的章魚**(上)
  阿路西亞號的潛水器發現了一隻能夠在冰冷南極水域生存的章魚。

腳上還布滿了南極魚蛭。

這些普遍存在的異常巨大生物暗示著科學家,南極與深海之間可能有演化上的連結。在深海海底將近冰凍的環境中,甚至還有體型更大的等足類,例如長達七十六公分的深海大王具足蟲,就是一種「深海巨大症」(deep-sea gigantism)的表現。其他深海怪獸,如生長在冰冷南極海域的大王酸漿魷,與深海的巨烏賊,同樣也是深海巨大症的例子。

然而,對科學家來說,將極地與深海兩區域更直接連結起來的動物,並不

是魷魚或等足類，而是一種章魚。已知這種章魚早在三千三百萬年前就在南極海岸生活，與牠關係最近的親戚至今也還住在那裡。生物學家盡可能地比較了這種章魚和許多深海章魚物種的DNA，發現許多深海章魚的祖先都可以回溯到這種早期南極章魚。他們也研究出了南極章魚的後代是如何移居到新家園的。

在南極洲逐漸遠離南美洲而形成德雷克海峽時，這塊新大陸的溫度大幅下降。到了現在，南極大陸不斷刮著冰冷的強風，讓海水凍結並將極冰吹到海上。大陸下的海水溫度低、鹽度高且富含氧氣；而且因為海水密度比較高，於是往下沉，形成全球海洋輸送帶南半

■ **海蜘蛛**（下）
潛水器的燈光與攝影機拍到一隻南極海蜘蛛，畫面被傳到阿路西亞號上。

球段的下沉分流。數百萬年前，這條被稱為「溫鹽高速公路」（thermohaline expressway）的下沉分流開始從南極大陸往深海流動，且至今依然如此。

當時，深海的含氧量很低，因此少有生物在那裡生活。不過，來自南極的動物順著這條高速公路來到了深海，包括章魚在內。在這個南極與深海之間的閘道，犬牙南極魚發展出了留在南極的必要條件；章魚則是向外移動，一千五百萬年前，這些離居者開始往北方擴散，最後遍布了全世界海洋。

這個洋流依然持續流動，至少到目前為止。這些高密度且富含氧氣的南極海水，與北大西洋自海面流到海底的類似洋流，共同為許多深海生物帶來了氧氣──可說是「深海的肺」。然而，若是全球暖化導致冬季的海洋結冰面積減少，那麼這個氧氣流動也會減弱。在南極（與北極）的任何狀況，都會決定世界各地深海動物的命運。

最近，科學家估計，海洋含氧量在過去五十年來已經減少了百分之二。淺水域的含氧量可能更低，因為那裡的表面海水暖化更嚴重，而水溫越高，水的溶氧量就越低。至於，在較深的水域，含氧量降低可能表示這個從極地到深海、賦予生命的洋流正在減弱。

深海的分區

　　面對如此巨大的水體，研究深海的科學家為了方便，將它分成不同區域，每個區域都有各自的深度、鹽度、溫度，與能夠抵達的光線量。我們對陽光在海面反射形成波光粼粼的景象都很熟悉，所以海洋最上層就叫做透光帶。然而，即使是在透光帶，海水對光線的影響也

已經出現。潛水器組員注意到，大部分的紅光在深度不到兩公尺處就已經被吸收，再深一點是橙光與黃光，只剩下綠光與藍光。到了深度一百公尺，環境明顯變暗；而深度兩百公尺是個臨界點，少有光線能穿過，從這裡開始就是深海第一個主要區域——微光帶。這裡的動物多有凸眼，要不就是張開的大口裡長滿尖牙，或是身體透明，讓人可以一眼

看穿。

　　在這裡，使用太陽能的光合作用已不再是製造食物的可行手段，因為此區域的光線根本不夠充足，只有百分之一的陽光可以穿透到這個深度。此處沒有初級生產者，也就是那些通常位於食物鏈底端的植物，和狀似植物的生物體（如浮游植物），因此微光帶的動物得完全倚賴海水上層的動物，牠們有些是食

腐動物，以降下的海洋雪——屍體、黏液、糞便粒與矽藻殼等廢料——為食；其他動物則是獵捕那些每天進行垂直遷徙，在晚間浮到海面覓食，白天才回到微光帶的動物。

■ 穿透的陽光（上）
如果條件適當，陽光可以穿透到水深一千公尺處，不過一般來説，水深超過兩百公尺就幾乎沒有光線了。

大眼睛

這種日常移動讓微光帶成了海洋中相當活躍的一個區域，也是海面與海淵之間的過渡層。我們熟悉的動物會從海面造訪這裡，而陌生的動物則隱身於黑暗之中。

劍魚會來這個幾近黑暗的區域狩獵，因為牠的大眼睛和腦袋能維持比周圍海水高出攝氏十至十五度的溫度；抹香鯨則會行經微光帶，前往深海追逐大型魷魚；而體型小巧的玻璃魷魚則是微光帶的居民。

這類玻璃魷魚相當適應海水中層的生活。牠的體液含有適量的低密度氨液，可以防止下沉或上浮，而且牠的身體幾乎透明，所以很難看見。牠身上只有扁平狀消化腺（類似人類肝臟）會產生陰影，不過另一端還有個發光器官可以幫忙消除輪廓。

有些種類的玻璃魷魚還具有非常大的眼睛。這裡也許沒有什麼光線，而眼睛的設計就是為了要能逮到每一個光子。玻璃魷魚有一類遠親，俗名叫做鬥雞眼魷魚（帆魷），牠有一顆正常大小的右眼，總是盯著下方看有無掠食者接近；而超大的左眼則永遠朝上看，好辨認出背著海面的獵物輪廓。還有其他動物的眼睛更奇特呢。

鞭尾魚的眼睛呈管狀，看來像是一副雙筒望遠鏡。牠的視覺非常敏銳，能夠捕捉到任何牠愛吃的小型橈足類。然而，真的要抓住這些小小的甲殼類[1]並不容易，牠們能高速跳到幾公分遠的地方，最強的跳躍速度可以達到每秒近一千倍體長，而這可是在黏滯性與水差不多的介質當中，相當於人類在糖蜜裡跳躍。看來，橈足類似乎是地球上速度最快、力量最強的動物。不過鞭尾魚並不因此放棄，牠的管狀頜部可以往外射出，將口腔伸展到平常的四十倍，趁著橈足類再次跳開之前把牠們吸進嘴裡。

後肛魚又稱桶眼魚或幽靈魚，是另一個怪胎。牠的眼睛可以旋轉，能往前看，或是往上看，直接穿透牠那透明、充滿液體的圓頂狀前額。後肛魚會偷走管水母的獵物，管水母會先用閃光吸引獵物朝自己的刺細胞靠近，然後就像活生生的流刺網一樣，將之困住。後肛魚看得到這些閃光，牠會慢慢漂過去，把管水母好不容易抓來的獵物偷走，牠果凍般的前額可以保護眼睛免受刺細胞傷害。

★1 橈足類（copepod）屬於甲殼亞門（crustacean）下的一綱。

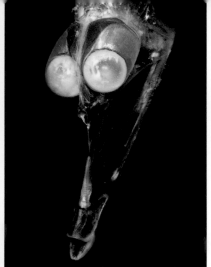

■ 玻璃魷魚（左上）
　　這些有著膨大身體、小小觸手的透明魷魚，長著一個充滿氨液的大型腔室，有助於漂浮。牠們也被稱為深海潛艇魷（bathyscaphoid squid），因為牠們的形狀就像是深海載人潛艇（bathyscaphe）。牠們的透明身體是一種偽裝，能夠提供保護。

■ 鞭尾魚（右上）
　　這種身體細長的魚，體長不會超過二十八公分，不過牠奇特的鞭狀尾鰭是身體的三倍長。牠的頭部有一對管狀的眼睛，看來很像雙筒望遠鏡。這種魚是鱈魚和無鬚鱈的遠親，不過在分類學上自成一個鞭尾魚科（Stylephoriformes）。

■ 後肛魚（下）
　　蒙特里灣水族館研究中心的科學家發現了保護桶狀眼睛的透明罩。他們是第一批在這奇特魚類的原生棲息地拍攝記錄的人。

隱形斗篷

　　儘管抵達微光帶的光線很少，還是有可能會讓躲起來的動物暴露行蹤。如果從下往上看，就可以看到牠們背著海面的輪廓，因此這些動物會採取偽裝，或是運用一排排位於身體下側的發光細胞或器官來破除輪廓。牠們發出的光與來自海面的微光融合在一起，這種過程稱為「反照明」（counter-illumination）。再從下往上看，魚類或魷魚就幾乎完全隱形了。

　　無所不在的燈籠魚科在側腹有發光器官，牠們可以隨著海面光線來調整自己的發光強度，讓自己的輪廓隱藏起來。

　　發光模式按物種而有不同，這表示牠們也可以在聚集與求偶期間用發光來溝通。有一種燈籠魚，在兩隻眼睛旁都有大型的「頭燈」，可以用來吸引並照亮獵物；而有些燈籠魚的發光器官在尾部，可以當成誘餌來混淆潛在掠食者的視聽。

　　其中一種潛在掠食者是尖牙魚，這種深海魚類曾在深達五千公尺處被觀察到。在所有同尺寸魚類中，牠的牙齒是最大的。雖然外表看來兇狠，牠似乎是靠著運氣才吃得到晚餐。牠的視力不

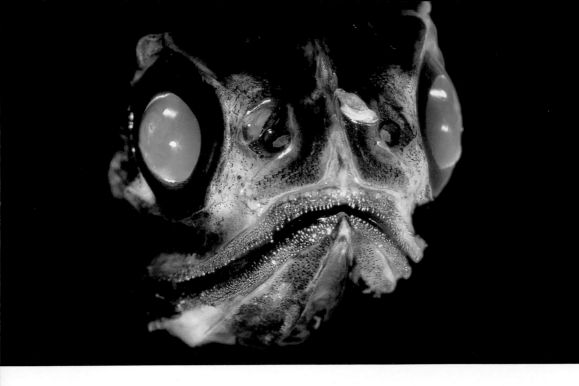

■ 燈籠魚（上）
　這隻燈籠魚有大大的眼睛與前照式的發光器官，所以有另一個別名——車頭燈魚（headlight fish）。

好，無法清楚看到燈籠魚的發光信號；取而代之的，牠會以特別發達的側線（lateral line）感官來偵測水中的運動與震動。當牠碰觸到東西時，則倚賴敏銳的嗅覺來判斷可不可以吃。

　　更令燈籠魚畏懼的是一群群的美洲大赤魷。牠們體長可達兩公尺，屬於體型較大的魷魚，也是最凶猛的魷魚之一。西班牙漁民將牠們稱為「紅惡魔」，因為牠們獵食的時候身體會發出紅白相間的閃光。牠們每天都會垂直遷徙，在夜間隨著燈籠魚浮上海面。牠們在海裡衝刺時，皮膚上的顏色圖案會不停變化，似乎是藉此進行「閃光對話」。但牠們是否真的在溝通，不得而知。三、四十隻美洲大赤魷從一群燈籠魚下方盤旋而上，牠們伸出兩隻長長的觸手，不到一秒就抓住獵物。其棍棒狀的觸手末端有一百至兩百個吸盤，而吸盤周遭長著剃刀般的利牙，因此少有獵物能逃脫。再用有如鸚鵡喙的鋒利喙部把肉劃開，不過一般認為牠們並沒有咬斷骨頭的力氣。即使如此，還是有美洲大赤魷在海面附近攻擊潛水員的例子，甚至弄壞了水下攝影機。

氣候變遷聯盟

　　微光帶也許光線不足，不過絕對不乏動物。科學家估計，海洋魚類的生物量有百分之九十以上都集中在微光帶。根據一項近期在《自然》期刊發表的研究，微光帶的生物總重可達一百億噸以上，是每年全球漁獲量的一百倍，以及現存雞隻的兩百倍，而雞是被認定為陸地上數量最多的脊椎動物。這也就表示，微光帶的魚類可能為大氣層二氧化碳的封存扮演了重要角色。海面的浮游植物利用二氧化碳來製造食物，浮游植物則是浮游動物的食物；微光帶魚類在夜間游上海面覓食的時候，又會以這

■ 美洲大赤魷（上）
　過去，美洲大赤魷只生活在中美洲太平洋外海的溫暖水域裡，不過現在牠們的活動範圍擴大，北至阿拉斯加，南至火地群島（Tierra del Fuego）。他們遷徙到新區域的原因，有部分是聖嬰現象造成的海水暖化，以及牠們的掠食競爭者被過度捕撈。

些微小的動物為食，碳因此進入魚類體內。當魚類死亡，牠們的身體便帶著碳沉入深海，但只有百分之一左右會到達海底，大部分都被其他動物回收，在下沉途中受到攔截。這使得微光帶魚類成為對抗人為氣候變遷威脅的重要盟友。然而，由於海面的魚類資源逐漸耗竭，商業捕魚已經開始將目標轉向微光帶魚類──這又是一項碳匯的損失。

■ **警報水母**（上）
　深海的礁環冠水母能夠發光，尤其是在牠身體中間的環狀生殖腺。遭受威脅的時候，生殖腺就會發出明亮的藍色閃光。

陽光永遠到不了的地方

　　微光帶與下方區域的分界線是深度一千公尺。在此以下，就是完全的黑暗、且更神祕的空間——半深海帶（midnight zone，又稱午夜區），範圍一直往下延伸到水深四千公尺處。這裡沒有任何一絲的陽光，主要光源來自於生物體。有些生物會自行發光，有些則是借用體內的共生發光細菌。牠們發出的光通常呈藍綠色。發光的功能可能有好幾種——為了看到或混淆獵物、嚇唬入侵者、吸引伴侶或食物，或是與鄰居交流。舉例來說，俗稱「警報水母」的礁環冠水母會用非常明亮的藍色閃光來哄騙攻擊者，同時吸引其他掠食者的注意，讓牠們幫忙驅逐攻擊者。

　　蝰魚會用身上短短的「釣竿」發出一道明亮光線，將午夜區的小型動物吸引到牠的嘴邊，這根釣竿是牠背鰭上第一根硬棘的延伸。牠巨大的利牙可以抓住任何因好奇而靠得太近的魚兒、魷魚或蝦子。然而，由於牠的牙齒太大，如果攻擊失誤，很可能會把自己刺穿。

　　還有一種巨口魚更厲害：黑柔骨魚如果遇到獵物試圖分散其注意力，就會

拿出一種祕密武器。牠們跟蹤深海蝦類時，可能會突然有一道明亮的藍光煙幕在面前炸開，這是許多深海蝦類慣用的逃脫行為，不過黑柔骨魚會用自己的生物發光來對付牠。牠們會打開特殊的紅燈，照亮一小片搜索區域。黑柔骨魚是少數看得到紅光的深海生物，其眼睛裡也有葉綠素，能增加視覺的色彩範圍。綠色植物與藻類通常是用葉綠素來行光合作用，而黑柔骨魚是現存已知唯一一種能將葉綠素用在不同目的的動物。

　　黑柔骨魚發出的紅光只能行進很短的距離，因為紅色很快就會被吸收，因此這個區域有許多動物的體色是紅色或黑色，這讓牠們比較容易隱藏蹤跡。深海蝦類通常為紅色（在煮熟前就已經是）；而黑柔骨魚的胃部是不透明的黑色，如此一來其他掠食者就看不到牠吞下的任何發光獵物，避免在消化大餐時引起注意。牠們的頭部與頸部之間還有一個獨特的關節，讓牠的上下顎可以張得特別開，好吞下較大的獵物。

■ 巨口魚（下）
黑柔骨魚是巨口魚科的一種魚類，有一對能發出紅光的發光器官。

進入深淵

深海領域（abyssal realm）從午夜區的底層邊界延伸到海面下六千公尺的深海海床。那是一個異常寂靜、遠離海面風暴的世界。水溫是攝氏零至四度，壓力則是海面大氣壓力的四百至六百倍。

在這深度從潛水器看出去，看到的往往只有海洋雪。來自上方的微粒源源不斷地緩緩落下，約需要一個月的時間才會沉降到海床，沉積速度非常緩慢。

被風吹進大洋的黏土、被河川沖入大海的泥沙，與來自上方的海洋雪都穩定持續地湧入，覆滿了整個地勢，因此海底看起來既平坦又毫無特徵可言，幾乎像沙漠一樣。這就是深海平原，地球上最平坦的地方。

深海平原的深度介於三千至六千公尺，通常夾在洋中脊（mid-ocean ridge）與大陸棚底部之間。雖然地球大部分地表都屬於深海平原，但它卻是地球上最少被研究的棲息地。

深海平原的生物密度比深海其他區域來得低，不過在那裡生活的動物仍然非常多樣。海床上的有柄海百合會捕捉漂浮的食物微粒；鼠尾鱈會在沉積物中

■ **古老的棘皮動物**（下）
西印度海百合是一種有柄的海百合，牠們的起源可以回溯到四・八五億年前。

掃描食物的味道;腳架魚用細長的魚鰭
將自己架在海床上,頭部面對著水流;
海星用數百根管足在海底爬行,吃下任
何死物或活物;陽燧足用靈活的腕足活
動,鏟起生物殘骸;海參在海底犁掘;
多毛蟲、心形海膽與雙殼貝則直接潛伏
在沉積物裡;而俗稱海蟾蜍的單棘躄魚
會用看起來像是腳的特化魚鰭在海床上
行走。

　　這裡的許多動物都可以好幾週、幾
月、甚至幾年不進食。在這裡,等待是
常態。大多數生物最終還是得倚賴從上
面沉下來的東西,不過這些相對微薄的
口糧就足以讓牠們存活,因為就像在南
極一樣,這裡的溫度極低,動物的新陳

■ **單棘躄魚**（上）
單棘躄魚是底棲動物,會利用狀似腿的粗短胸鰭
與腹鰭在海床上休息與行走。如果想要的話,牠
們也可以像其他魚一樣游泳。

代謝十分緩慢。動物會試著將能量需求
降到最低,牠們移動緩慢,或者就只是
找個地方待著,等待食物出現。只是食
物不一定會出現罷了。

　　海水上層過度捕撈的情形,必然
會讓這些深海平原動物收到的食物資
源減少。曾經為牠們提供死屍和排泄物
的魚兒,整批整批被撈起來送到魚貨批
發市場裡販賣。海水上層動物族群急遽
下降,深海的基本食物資源因而受到剝
奪。生活在主要漁場下方的動物族群必

定不好過，科學家從前並未意識到這一點。人類不只在耗盡漁業資源，還會產生連鎖反應，對深海海床的生態系造成不可知的破壞。

即使如此，在正常狀況下，明亮溫暖的夏季仍有較高生產力。偶爾，在海面矽藻藻華之類的事件發生以後，會有大批大批的有機物往下沉。這個現象會引發海水中層動物（如海樽）的族群大爆發，這些動物以藻類為食，等到牠們死後，屍體不但會成為海底的寶藏，還會將碳帶到海底，因而成為另一個抵禦氣候變遷的盟友。這些突然出現的大量食物資源，在短短幾週內所提供的食物可能是好幾年的量。順著這樣的思維，你可以試著想想，當一具抹香鯨屍體落到海底時，會造成什麼樣的景象。

■ **硬水母**（下）
　牠們是僧帽水母的深海親戚，生活在深度四八五〇公尺的豪豬深海平原（Porcupine Abyssal Plain），鄰近東北大西洋的愛爾蘭大陸棚。

鯨落

　　鯨魚屍體落到海底時，強烈的壓力會將屍體中的血液和脂肪擠出來，誘人的氣味因此在海底蔓延。每一個位於下游的化學感測器都接收到訊號，一個個高度警戒起來，並朝著氣味來源移動。貪婪飢餓的動物群費力地追蹤源頭。盛宴已經開始。

　　僅僅二十五分鐘以後，第一隻賓客抵達——相當剽悍的雌性灰六鰓鯊。牠體長四、五公尺，是世界上體型最大、力氣也最大的鯊魚之一。如同深海的大部分大型動物，牠是慢慢滑行過來的，一點都不著急。牠張大嘴咬了一口，短劍般的上顎利牙讓牠能緊緊抓牢獵物，

■ 盛宴（下）
1 抹香鯨殘缺的屍體沉入深海海床。
2 體型巨大的六鰓鯊滑過時，一隻蜘蛛蟹正在享用鯨魚內臟。
3 幾隻在大西洋海底瘋狂進食的灰六鰓鯊。
4 鯊魚離開以後，鯨屍殘骸就會由蜘蛛蟹、深海魚類、端足類與其他碰巧經過的動物接管。

下顎的梳狀齒則負責切割。牠用力地甩頭，將肉和肌腱鋸開，大大的綠眼睛縮回眼窩裡，這是一種自動反射的保護，防止獵物反擊。牠咬下的每一口都會留下一道偌大的咬痕，讓更多液體流出來，順著水流擴散。

　　灰六鰓鯊獨享大餐的時間並不長。另一隻體型更大的鯊魚已經從一公里以外的地方聞到了味道。這是另一隻雌六鰓鯊，牠想霸佔這具鯨屍。這種鯊魚

具有領域性，由於體型比其他動物來得大，所以牠們有優先權。不過在牠威嚇其他體型較小的鯊魚時，更多鯊魚抵達了。牠試著把牠們趕走，不但咬牠們的身體，還撞擊牠們最敏感的鰓部；不過因為獎品實在太有吸引力，接踵而至的鯊魚群在氣勢上壓倒了這隻巨大的雌鯊，攻擊行動也變得更激烈。

在深海潛水器裡觀察這些事件的監製助理威爾・里金說：「我們接近鯨屍時，可以看到一大片淤泥和沉積物揚起，只能大略辨認出幾隻六鰓鯊的輪廓。有那麼一段時間，七隻龐大的雌鯊魚猛力扎進鯨屍裡頭，其中最大的一隻離潛水器並不遠。牠們正大口大口地吃下鯨脂，也互相撕咬，當牠們轉向潛水器時，身長五公尺的鯊魚撞在潛水器的圓形罩上，著實相當駭人。」

儘管讓人害怕，這頓瘋狂的免費大餐是有史以來人類第一次親眼看到大西洋深達八百公尺的海底，一群鯊魚的覓食狂潮。

每咬一口，鯊魚就會把更多碎肉和氣味往洋流散播，整場騷動造成的震動也會隨著海床傳出去，讓一些腳部知覺非常靈敏的動物察覺。這裡指的是深海蜘蛛蟹。牠們的動作如機械般緩慢，有趣的是，牠們會用後腳抓住一塊塊海綿並固定在身上，不過目前仍然不知道這有什麼功能。

這些蜘蛛蟹對於是否加入盛宴似乎很謹慎。一隻大型的六鰓鯊可以將蜘蛛

3

4

蟹切成兩半，這不只是說說，而是確實會發生。因此蜘蛛蟹在旁邊慢慢等著，將漂到身邊的內臟切成碎片吃下去。鯨落三天之後，鯊魚填飽肚子就離去了。

此時，鯨屍已經殘破不堪，幾乎無法辨認，不過上頭仍有許多剩菜。蜘蛛蟹終於可以進入，與深海蝦、鎧甲蝦、一群群的小型端足類，以及陸續到來的深海魚類一起享用大餐。鯨屍成了整個生態系的焦點：一個平常很難取得食物的地方，突然湧現大量食物資源。一具鯨屍所提供的有機物質相當於一千年份的海洋雪。其他非腐食性動物也受吸引前來，這些狡猾的掠食者鼻子很靈，打算來這裡吃個快餐。

鯊魚離開大約一個月後，一群大西洋叉尾帶魚出現了。牠們對鯨肉或鯨脂都不感興趣，吸引牠們的是聚集在鯨屍周遭的深海美食家。這些獵人體型呈帶狀，體長超過一公尺，表皮帶有光澤，宛如拋光金屬。牠們垂直立著，頭部朝上，在水裡一動也不動，幾乎隱身，不過發動攻擊時，動作非常快速。牠們靠著鬼祟潛行、驚人的速度，與尖銳利牙捉住圍繞著殘羹剩餚的小型魚類及甲殼動物。對這群大西洋叉尾帶魚來說，鯨屍同樣帶來了大受歡迎的豐富美食。即使鯨骨完全被剔乾淨、許多動物都離開以後，故事並未就此結束。骨架還會吸引一些意想不到的怪異生物。

俗稱殭屍蟲的食骨蠕蟲，會鑽到這些骨架裡去。牠們長度只有二到七公分左右，看起來比較像植物而非動物。牠們身體的一端有花狀鰓，可以吸收水中氧氣；另一端的根狀結構則會分泌可以侵蝕骨頭的酸性物質。如此一來，牠們就可以牢牢固定在骨頭上，並好好消化骨骼。這種蠕蟲沒有口或消化道，不過牠們的根部長有共生細菌，能幫助分解脂肪和蛋白質，並釋出營養物質。至於這些蠕蟲要如何吸收養分，目前尚不清楚。

另一個謎團是有關性別的。二〇〇二年首次發現食骨蠕蟲時，科學家檢查過的所有個體都是雌性，完全找不到雄性的蹤跡，直到他們解剖了一隻食骨蠕蟲，才在其體內找到一個果凍狀的管子，管子裡全都是雄蠕蟲。每隻雌蠕蟲體內最多可以有一百隻的雄蠕蟲。

最後，許許多多食骨蠕蟲鑽進了鯨骨裡，看起來就像一塊毛絨絨的紅色地毯。多年以後，等到鯨骨完全被消化，這些成蟲就會死亡，而牠們的卵和幼蟲會繼續存活，隨著深海洋流漂流。只要能找到另一具屍體，牠們的生命體系就能延續下去。這些蠕蟲用這種方法延續生命已經有相當長的一段時間了。

在幾件三千萬年的古老鯨魚化石上，可以看到被食骨蠕蟲消化的痕跡。

「牠們正大口大口地吃下鯨脂，也互相撕咬，當牠們轉向潛水器時，身長五公尺的鯊魚撞在潛水器的圓形罩上，著實相當駭人。」——監製助理 威爾·里金

■ **小型衝突**（上）
深海潛水器內的攝影團隊曾近距離接觸一隻體長四·五公尺的雌六鰓鯊。這隻鯊魚游向潛水器，猛力撞擊並試圖啃咬潛水器的圓頂罩。

只要有鯨魚，就有食骨蠕蟲，因此牠們一定是在鯨魚演化之前就已經特化成為專門以骨頭為食的動物。你瞧，一億年前的蛇頸龍與海龜化石，就已經有食骨蠕蟲存在的痕跡。

目前，科學家在不同海域的許多鯨魚骨架上發現了好幾種食骨蠕蟲。海洋學家猜測，在大型鯨魚長長的遷徙路徑下方，有鯨魚墳場可以當成食骨蠕蟲的踏腳石。食骨蠕蟲從一具骨架跳到另一具，這種獨特的深海生物生態系（當然包括了神祕的食骨蠕蟲），就可以如此散布到世界各地的海洋中。

那麼，如果鯨魚不沉到海底，又會發生什麼事呢？在十九與二十世紀期間，密集的捕鯨業大量獵捕大型鯨魚，這些鯨魚的屍體並沒有沉入海底。早期的捕鯨業會將鯨魚骨架丟到海裡，因此這些海底生物經歷過一段相當豐饒的時期；不過更現代的捕鯨技術卻造成了許多踏腳石被移開；更甚者，當鯨魚幾乎滅絕之際，下沉到海底的鯨屍也變得少之又少。這就如同過度捕撈，人類在海面的所作所為必然會對深海動物造成衝擊。對此，我們現在才剛開始了解而已。

深中之深

海洋最深的部分位於超深淵帶（hadal zone）。在這裡，海溝急降至海底最深的區域，其中最深處就是挑戰者深淵，位於太平洋馬里亞納海溝，深度達一〇九八四公尺。那裡的壓力極其巨大——為地表的一千倍——在這裡，海洋逐漸為我們顯露出它最深層的祕密。

海溝峭壁上長滿了一排排純白色的海葵，看來就像精心製作的壁紙。海底鋪滿了一疊疊的細菌毯，扁平的沙堡裡有阿米巴狀的生物居住——一種有孔蟲門原蟲（xenophyophores）——牠們身上的絲狀構造有許多細胞核，但沒有細胞壁。這讓牠們成為地球上最大的單細

■ 海豬（下）
海豬是一種有大型管足（看起來很像腳）的海參。這種動物就好像豬一樣，在海底沉積物上聞聞嗅嗅，從裡面吸取食物微粒。牠們偏好剛從海面落下來的食物，並可以用嗅覺判斷新鮮與否。

胞生物，長度可達十公分！

陰莖狀的蟋蟲會在底部沉積物上留下星形圖案。此外，海底還有許多類型的海參，其中一種俗稱海豬，會一小群一小群地在海底耕犁，因外觀極似家豬而得名。

這裡的端足類動物可說是怪物。大部分在深海生活的物種體長只有兩、三公分，不過深海海溝有一種端足類，是體型大上十倍的「超級巨人」，可高達三十四公分。這是深海巨大症的另一個

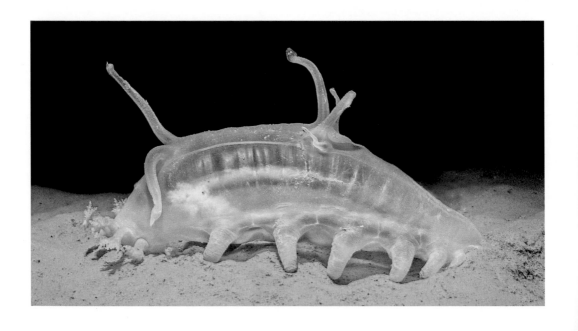

■ **獅子魚**（上）
　這種獅子魚是太平洋西南部克馬德克海溝
（Kermadec Trench）的特有種。牠和深海陽燧足一
起生活在深度七一六六公尺處，是深度最深的現
存魚類之一。

例子。為了防禦，牠們會展開多刺的尾
巴，看起來就像刺棘灌叢。任何好奇的
魚兒都會被刺到鼻子。

　　至於魚類，鼬魚科和獅子魚科都曾
經在海溝裡現蹤，每個海溝都有其特有
種。在自然環境中所觀察到深度最深的
魚類，是在馬里亞納海溝八一四五公尺
深的地方發現的新種。牠們呈蒼白的粉
紅色，臉看起來很怪，像是卡通裡的臘
腸狗，胸鰭若隱若現，頭部後方的身體
擺動起來像濕紙巾，好像沒骨頭一樣。

科學家將這種魚恰如其分地稱為「空靈
獅子魚」。

　　這種魚可以生活在極端深度的壓力
之下，本身就是一件讓人驚異的事。牠
們之所以能在這樣的環境中生活，是因
為身上有特殊化學物質可以穩定蛋白
質。如果沒有這些化學物質，水底的巨
大壓力就會扭曲細胞裡的蛋白質。不過
這些化學物質只在深度不超過八千四百
公尺處起得了作用，在更深的地方就需
要另一種生化作用。這也就表示，這些
獅子魚科與鼬魚科的生活區域已經是魚
類所能生存的極限深度，海底最深的最
深仍然是魚兒無法到達的地方。

魔法花園

深海平原與海溝海床可能會讓人覺得海底是平坦的,不過,大部分的海床都不平坦。那裡有海底峽谷、寬廣的裂谷、深海山丘、山脊、陡峭懸崖、高聳的海底山、活躍的海底火山、以及連綿不絕的山脈;事實上,地球上最長的山脈是中洋脊*¹,一座遍及所有大洋海床的海底山脈系統。其長達六萬五千公里,是陸地最長山脈安地斯山脈的十一倍。此外,更令人驚訝的是,在這個變化極大卻看不到的豐富海底地形之間,竟然還有珊瑚花園。

提到「珊瑚」,大部分人會聯想到波光粼粼的土耳其藍海水所包圍的熱帶島嶼天堂,不過世界上還有其他珊瑚——冷水珊瑚,以及海裡保存最完好的其中一個祕密——深海珊瑚花園。這些地方比我們熟悉的珊瑚礁難到達得多,有些深度可達六千公尺,不過深海珊瑚礁的珊瑚種數其實比淺水域的熱帶珊瑚礁還來得多,而且也是許多不同海洋生物的重要藏身處。

在深海潛水器頭燈的照射下,深海珊瑚礁成了一場視覺盛宴——黃色、橘色、紅色與紫色交織,嬌貴的珊瑚有樹

★1 中洋脊指的是「大西洋洋中脊」,而「洋中脊」則是該種地形的泛稱。

狀、羽狀與扇形,其中穿雜著海綿與鮮豔的海葵;螃蟹與龍蝦攀爬在珊瑚礁的活珊瑚上,珊瑚枝之間還有各種蝦類穿梭;大片大片的魚群從珊瑚礁上方游過,散布的珊瑚碎片與砂石上則有海洋蠕蟲與海參徘徊。

深海珊瑚礁是生物多樣性熱點——是食物來源、躲避掠食者的避難所,也是海洋生物幼苗的育幼場。它們遍布全球海洋,包括冰冷的南極水域,那裡的珊瑚適應了惡劣環境,即使是在深海。

深海珊瑚與牠們的淺水區親戚不同,體內沒有可行光合作用的蟲黃藻,因此並不需要陽光。牠們完全倚賴觸手來捕捉隨波逐流的海洋雪微粒。然而,因為沒有蟲黃藻這種小幫手,深海珊瑚長得非常慢,每年大概只比髮絲寬度多長一點。而且,儘管珊瑚蟲本身壽命不長,持續成長的珊瑚卻十分長壽。在夏威夷外海的深海,有一株黑珊瑚被鑑定為四千兩百六十五歲。這株珊瑚開始成長的時間,差不多是古埃及人開始建造古夫金字塔(the Great Pyramid)的時期。如果不受干擾的話,牠說不定可以繼續成長數千年。

為了科學研究採集一株珊瑚是一回事,整片珊瑚花園受到破壞則是另一回事。這裡的問題在於,深海的偏遠再也不能阻隔人類。在海面受到過度捕撈

之際，世界各地漁業拖網的深度愈形增加，紛紛將目標對準深海魚類，例如平鮋、鼠尾鱈，以及壽命可達一百五十年，但已經過度開採的大西洋胸棘鯛。漁業所使用的諸多方法之中，這種極端的底拖網（bottom trawling），可能是最具破壞性的作法。

底拖網對海床造成了嚴重破壞。笨

重的鋼製網板為了使漁網保持張開，會在海底犁出一道道深溝；帶有沉重滾輪的沉子網整個橫跨漁網前緣，在海床拖行著。底拖網會破壞、剷平，並且掩埋整個深海珊瑚花園，使之看起來就像一片被夷平的森林。威爾·里金抵達墨西哥灣的時候，在海床上看到的就是這種肆無忌憚的破壞。

「我們原本預期會看到繁茂深海珊瑚礁的地方，只剩下數百公尺的碎片。這讓人心煩意亂。這片原本可以繼續存在數千年的珊瑚礁，完全被拖網給破壞了。它們復原也得花上數千年的時間，如果有這個可能的話。」

■ **深海珊瑚**（下）
　這種黃色的軟珊瑚（Paramuricea biscaya）可見於大西洋海底，壽命估計可以超過六百歲。
■ **冷水域的珊瑚花園**（次頁）
　黃色的軟珊瑚、形似海百合的亮橘色項鏈海星（brisingid sea star），以及像是蠕蟲的一種陽燧足，共同在深海珊瑚礁生活。

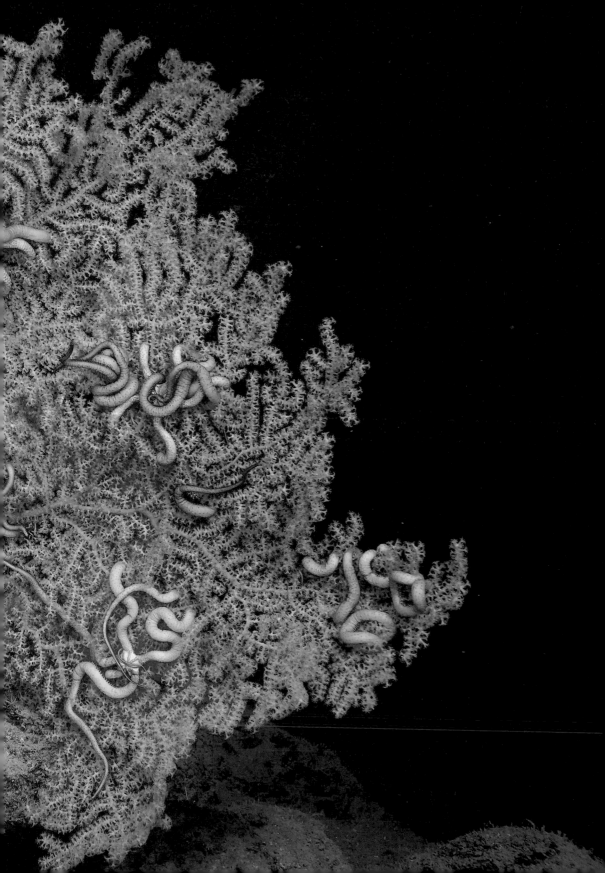

雪人蟹與香螺的育幼場

熔融岩漿會從中洋脊的地底滲出，形成地殼板塊，並在地表造成大陸漂移。大多數山脊都隱藏在數百公尺深的海水之下，而靠近海床的地方會散發許多熱能，讓海洋生物有機會聚集在那裡加以利用。不過這裡所謂的利用，和深海其他區域是非常不同的。支撐著鯨落這種暫時性生態系，或是深海珊瑚礁動物群落的能量，必然是源自於海面能行光合作用的浮游植物；不過海底也有其他系統，可以完全不需要倚賴太陽。

在深海海床的某些地方，地球內部散發出來的熱能會讓岩石溫度增高，使得甲烷（天然氣）與硫化氫（會發出臭雞蛋味）從裂縫滲漏出來。如果排放處的溫度與周圍海水相同或是稍高，就是所謂的冷泉（cold seep）；如果水是熱的，則稱為海底熱泉。無論是冷泉或海底熱

泉，都有其獨特的動物群落。

這兩種生態系的驅動力是細菌和其他種類的原始微生物。它們能利用甲烷或硫化氫製造糖分。透過這種方式，它們可以在化學程序中獲得能量，而不是像植物與光合細菌那樣從太陽獲得能量，因此被稱為化合細菌（chemosynthetic bacteria）。它們反過來又替冷泉與海底熱泉的其他生物提供食物。

許多生物都會被吸引到冷泉區。冷泉周圍的白色或橘色細菌毯是帝王蟹的食物，這些菌毯則是靠冷泉滲出的化學物質來繁殖；大型管蟲透過體內的共生細菌來供給牠們營養物質；不過其中最奇特的動物，應該是一種小小的鎧甲蝦。這種動物出現在哥斯大黎加外海的冷泉，由於身上長滿粗毛，所以被暱稱為「雪人蟹」。雪人蟹有很多種，不過這種雪人蟹的身體，尤其是大螯上，布滿了牠用來「種植」細菌的硬毛。牠會跳著奇怪的舞蹈，在冷泉上方揮舞大螯，讓細菌盡可能地暴露在滲出的化學物質之中。進食時，牠會將硬毛收進梳子狀的口器，將細菌團一口吞下。

威爾‧里金去找了這種雪人蟹。他

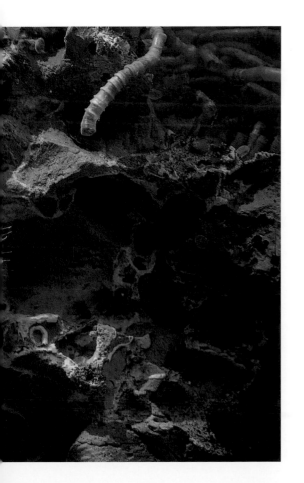

「在數千公尺深的海底下工作，讓人覺得有些奇怪，也有點不安，不過你很快就會專注在拍攝上，整件事情就變成了日常工作。」——監製助理 威爾·里金

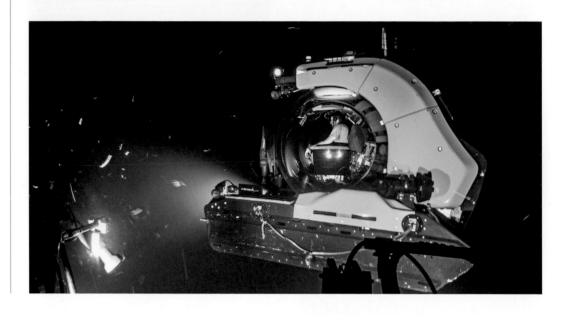

■ 雪人蟹之鄉（上）
深海漫遊者在哥斯大黎加外海一千公尺深的冷泉區找到雪人蟹聚集之處。

的深海潛水器不得不潛到一千公尺深的海床上。他的任務是拍攝這種蟹類的不尋常行為，不過首先要找到牠們才行。

「抵達海床得花上一個多小時，這片海床是毫無特色的泥沙沙漠，要在如此漆黑的環境中找到小群聚集的雪人蟹，實在是個相當大的挑戰。然而，當我們駕著潛水器在空蕩蕩的泥沙上飛了一段時間以後，眼前出現一大片岩石水合物丘（hydrate mound），上面滿是漂亮的雪人蟹，場面讓人印象深刻。牠們前後揮舞著毛茸茸的大螯，動作幾乎一致。看到這個景象，你就可以了解牠們為何又被暱稱為『跳舞蟹』。

「在數千公尺深的海底下工作，讓人覺得有些奇怪，也有點不安，不過你很快就會專注在拍攝上，整件事情就變成了日常工作。我們觀察到這些雪人蟹似乎會相互爭奪最佳位置，可能是為了要佔領最好的地點來種植細菌。然後，牠們就會安定下來，開始揮舞大螯。

「我們觀察到的其中一個異象，是深海蝦會慢慢接近雪人蟹，趁其不備迅速溜過去從毛茸茸的大螯上偷一口食物。我們替雪人蟹感到可惜，畢竟牠們

■ 駕駛艙的景象（上）
　潛水器接近冷泉區時，從壓克力圓頂罩看出去的
　景象。

如此有耐心地種植細菌，到頭來卻讓蝦子給偷吃了。」

　　深海不停帶給我們驚喜，雪人蟹就是個很好的例子。似乎每次深海生物學家下水，就會發現一些新穎、奇特的事物；在美國俄勒岡州西部的南方水合物海脊區（Southern Hydrate Ridge）的冷泉，也不例外。這個冷泉名為愛因斯坦岩洞（Einstein's Grotto），有劇烈的甲烷排放和範圍廣大的白色菌毯，也有一些奇特的鄰居。科學家將毗鄰該處的地點稱為「香螺育幼場」（Neptunea's Nursery），香螺屬是腹足綱軟體動物，與歐洲峨螺有親緣關係。這個育幼場是一排排分散的垂直黃色圓柱體，圓柱位於一塊塊的圓形大礫石頂部。從潛水器看出去，就像是鳥瞰一座蓋滿灰白摩天大樓的沙漠城市。這些「塔」由一堆相黏的黃色香螺卵堆疊而成，還不時可以看到雌香螺在上面照顧著牠的後代。這些卵需要一年多才能發育完成並孵化，因此雌香螺常常在後代出生以前就死了，牠們留下的空殼很快就會被深海寄居蟹佔據。

泥火山

南方水合物海脊區之所以如此命名，是因為甲烷並不一定是氣態。在海底的高壓低溫環境中，甲烷可以固態存在，稱為天然氣水合物（gas hydrate）。它會在海床上形成堅硬的甲烷冰，並且時不時就會變回氣體，觸發泥火山噴出。製作人奧拉·多赫提想要親眼看到海底泥火山噴發的情景。

「我們已經在墨西哥灣拍了幾週，而指導我們潛水的曼蒂·喬伊（Mandy Joye）博士偷偷告訴我說，在另一個地方發現了氣泡。我們決定冒險前去，當我們抵達了正確的座標位置，潛水器的聲納在我們下方約六百公尺處探測到一團氣泡。然而，我們下潛到那個深度時，卻看不到任何跡象。我們在海床上徹底搜查了一個小時之後，終於在前方看到一個約籃球大小的大氣泡浮上水層，後頭還拖著底部沉積物，看來就像太空火箭的尾巴。此時，越來越多氣泡出現，我們很快就被巨大的甲烷泡泡給包圍，這些都是從深海平原噴發出來的。對我們來說，這就好像是旅行到了另一個星球。

「我們再訪了那個地點兩次，不過幾乎都看不到什麼噴發現象。第一次的造訪很幸運，而且曼蒂也從來沒在這裡看過如此活躍的景象。深海向我們揭露了其中一個大祕密，不過只有一次而已。」

■ **氣體爆發**
甲烷泡泡浮上水層，每個泡泡都拖著沉積物形成
的長尾巴，看起來就像火箭軌跡。

絕望水池

在墨西哥灣的同一個區域，泥火山暴露了一個自侏羅紀以來就被埋藏的古老鹽礦床。鹽混合著水，與高濃度鹽水（比一般海水濃八倍）一起聚集在這個凹洞。那地方看起來有些怪異，就像一個靜靜躺在海底的神祕貯水池。它有清楚的「海岸線」，將不同濃度的海水分開，而且隨著時間推移，生物也在旁邊形成了「海灘」。

在鹽水池的邊緣常常可以看到冷泉貽貝。這些貽貝靠著體內的共生細菌製

造食物，而共生細菌利用的就是從海床滲出的甲烷。貽貝形成的貝殼灘讓深海鰻魚能運用巧勁將貽貝撬開，把肉取出來；而蟹類和鎧甲蝦則在這裡獵食，或是食用碎屑。鹽水池是個死亡陷阱，有些魚兒似乎知道要避開危險，其他則莽莽撞撞的；如果不小心跑進去，就只能在裡面慢慢死去。牠們的屍體浸在鹽水

> **「要操作機械手臂末端的迷你攝影機，得讓潛水器駕駛花上不少功夫，不過他們確實拍到了一些相當精采的鏡頭。」**——監製助理 威爾·里金

■ 避免製造波動（上）
潛水器在距離鹽水池幾公分的地方小心操作。這裡的鹽水密度非常高，機器幾乎可以「降落」在池水表面。

池裡，好多年都不會腐壞。

「坐在鹽水池岸邊，」威爾·里金回憶，「看著偶爾拍在貽貝上的鹽水，你很容易就會忘記自己是在深度六百公尺的海底。這是個很強烈的對比：貽貝形成的海岸線充滿生命力，有毒的黑色水池則遍布著已經死亡和垂死的動物。你可以看到魚兒和魷魚拚命要游出致命鹽水，不過真正能活著出來的似乎只有少數。

「要操作機械手臂末端的迷你攝影機，得讓潛水器駕駛花上不少功夫，不過他們確實拍到了一些相當精采的鏡頭。這些影片提供了獨特的視角，讓人了解生活在岸邊貽貝之間的豐富動物。」

科學家將這類鹽水池稱為「絕望的按摩浴缸」。然而，儘管鹽水池看起來已經是地球上的地獄，海底還有更充滿敵意的地方。

超燙的熱泉

在地球板塊邊緣的地質活躍區，從海床岩石裂縫噴出來的不是冷水，而是超過攝氏四百度的超高溫熱水。這些水底噴泉被稱為海底熱泉。冰冷的海水從岩石裂縫滲入地球火熱的內部，在那裡被加熱至超高溫，並且聚積大量礦物質。超高溫熱水與冰冷海水相遇時，礦物質會沉澱出來，形成最高四十公尺的大型煙囪，相當於十二層樓高。這些煙囪會噴出黑色或白色的「煙霧」，這個景象讓人聯想起工業革命時期的煙囪。黑色煙霧的溫度最高，噴出的是硫化物；而白色煙霧的溫度較低，噴出的是鋇、鈣與矽。這兩種煙囪都有細菌存在，

■ **盲蝦**（下）
這種蝦在未成熟時有眼睛，生活在微光帶，以海洋雪為食。接著，牠們會移居到黑煙囪附近，並失去眼睛，以化合作用生物（chemosynthetic organism）為食。

它們以排放出來的化學物質為食，並且反過來幫助了更多的奇異深海動物群落在這裡生活。

每個煙囪都有自己的生物群落。巨型管蟲、巨型貽貝與蛤蜊、鎧甲蝦、鰻魚形的魚類、端足類、多鱗蟲、海葵，與小型海螺就住在煙囪旁邊。會來這裡拜訪的包括一種章魚，牠們身上長著一對類似象耳的鰭，因此有「小飛象章魚」的暱稱（也稱為「菸灰蛸」）。

在中洋脊一帶的海底熱泉，聚居

■ 小飛象章魚（上）
　　這種深海章魚在海深七千公尺的地方都可以發現，分布深度為章魚之最。大部分的小飛象章魚約為二十至三十公分長，不過有一種可以長達一·八公尺。牠們會到深海煙囱附近，以那裡的動物為食。

著一種特別有趣的蝦。這種亮橘色的小型甲殼類沒有眼睛，不過背部有一個感測器，似乎可以偵測來自深海煙囱的光線。目前，我們還不清楚這些主要為近紅外光的光線源自何處，不過這些光線

對牠們很重要，牠們會以一種奇特的方式來養殖細菌，做為其能量來源。牠們的口中與特化的腮蓋下，都有這些細菌生長。為了提供細菌礦物質，蝦子必須直接置身於含氧的冰冷海水與富含礦物質的熱泉之間的邊界上。若是不小心漂到熱泉裡，哪怕是稍微待久一點，牠們就會被煮熟；如果離熱泉太遠，細菌就會死亡。

生命的起源

海底熱泉裡面，及其周圍的極端環境，對地球上其他生命形式都是不友善的。不過，這些地方是不是有可能和外星生命出現的地方類似呢？試著想想看，地質活躍的行星或衛星，如木星的衛星歐羅巴與甘尼米德（這些衛星的地表水比地球多，而且深度為地球的十倍），以及土星的土衛二，這些地方的海底熱泉有沒有可能是生命開始的地方？歐羅巴的溫度很低，地表被冰覆蓋，不過一般認為冰層底下應該是一大片溫暖的海水，而且過去也曾觀察到巨大的間歇泉將水蒸氣送到高度一百六十公里的天空上，因此這個衛星似乎相當活躍。土衛二表面冰層下方幾公尺處的溫度比預期來得溫暖，而且往下數公里處可能有液態海洋。在那些冰層下方可能有生命存在嗎？地球上的一個發現，或許可以說明生命的起源。

在大西洋中部名為失落之城（Lost City Vent Field）的海底熱泉，溫度和鹼度都比較低，與其他酸性的黑色煙囪十分不同。這裡的三十幾支煙囪高達六十公尺，較比薩斜塔還要高，它們是由碳酸鈣（白堊）堆積而成。從這些煙囪噴出的水，溫度相對較低，在攝氏四十至九十度之間，會將甲烷與氫氣釋入水

■ **失落之城**（右）
這些尖塔由沉澱的新鮮碳酸鈣堆積而成。這些碳酸鈣經年累月之後，會變得跟混凝土一樣堅硬，因此這些塔可以達到近六十公尺高。

中，而沒有硫化氫。

這裡的海底熱泉生物群落，反映了水中的含鈣量——外殼成分為鈣的腹足類與雙殼貝軟體動物、多毛類、端足類、介形類，以及生活在煙囪內側生物薄膜裡的原始微生物。這讓科學家開始思考，這類煙囪可能是生命的誕生地，熱泉環境產生的化學物質或許是起點，可以導致更複雜的有機分子形成，而這裡的化合作用生物也可能創造出促成生命演化的能量循環。這看起來似乎是地球生命起源的理想地，在宇宙其他地方說不定也是如此。

在所有海洋領域中，深海探勘正推動著科學與技術的疆界。幾乎每一次有潛水器或水下攝影機進入深海環境，就會帶來一些新發現。這些發現常常會讓平時冷靜精明的科學家說不出話來。他們發現一堆堆「奇怪的小型球體」、「羽毛般纖細的東西」，與「綠色黏稠的東西」，以及勉強歸類為「動物」的果凍般團狀物。在此之前，沒有人看過這些生物，牠們不但是新種，也是全新的生命形式。深海真的不斷向人類拋出最大的驚喜。

第七章

我們的海洋

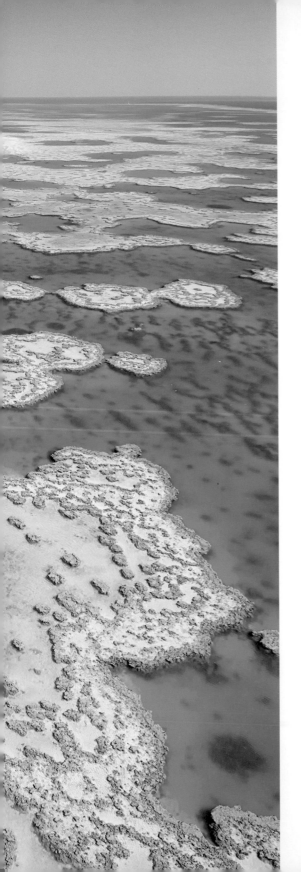

在《藍色星球二》製作期間，我們的團隊走訪了許多從來沒有人去過的地方，遇上了海洋生物新種，也見證了卓越的智慧成就；然而，除了拍攝到的漂亮畫面，以及經歷過的不可思議、奇觀與驚異之外，無論他們到世界的哪個角落，都會清楚地看到一些跡象——我們的海洋出了問題。

在過去，我們相信海洋非常寬廣，有無數野生動物生活其間，我們的行動並不會有什麼影響，不過很不幸的是，我們現在知道事實並非如此。海洋的健康正受到威脅，進而也會對地球的健康造成影響。當今海洋變化的速度與方式，都比過去來得劇烈，海洋面臨的挑戰之大，讓許多人相信我們的海洋已經到了危機關頭。這個世界正處於一個十字路口，我們應該要立刻行動，才能懸崖勒馬；若是什麼都不做，我們就會踏進未知與危險的深淵。

好消息……是嗎？

自國際捕鯨委員會宣布從一九八五至八六年的漁季起，「暫停」全球商業捕鯨，許多大型鯨類的數量都在慢慢回升。藍鯨回到牠們的加州外海覓食地，大量灰鯨沿著北美洲太平洋海岸長途旅行，大翅鯨超類群在南非出現（見10頁），一群群抹香鯨聚集在斯里蘭卡外海（見222頁），還有一百隻的南露脊鯨[1] 定期在澳洲南部的海灣之首（Head of the Bight）露面。這些事件都是過去一百年多來未曾聽聞的。然而，儘管有些鯨魚族群已經恢復，牠們生活的海洋環境卻在惡化。多米尼克抹香鯨計畫（見184頁）的謝恩·傑羅親眼看到了可能的後果。

「從某方面來看，抹香鯨的情況比其他種鯨魚來得好。抹香鯨幾乎不再是捕殺的對象，不過加勒比海的抹香鯨數量卻急遽下降。我過去十年所研究的十七個抹香鯨家庭，都出現數目萎縮的情形。牠們的死亡率變高，原因可能就是人類。牠們的生活區域在抹香鯨棲息地中可說是都會區，就在一個住滿人的小島旁，因此牠們會被船隻撞到、會被漁網纏繞，也會擱淺在島上的逆流。這些都是大問題。每三隻幼鯨裡，就有一隻活不到一歲。如果這個情形繼續下去，我認識的每個抹香鯨家庭都會在我退休前消失。這是個悲劇，令人震驚，不過或許可以避免。我們現在就需要做出改變。

「我們對海洋做的最糟糕的事情，就是忽視。海面下很多事情都改變了，尤其是聲音。在鯨魚的水底世界中，聲音是最重要的一件事，而人類一直在海裡製造許多巨大噪音。抹香鯨的彼此交談因此變得更加困難。」

這不只影響了鯨魚。熱帶珊瑚礁是個原本就很嘈雜的地方（見102頁），而我們一直到現在才發現聲音對生活在那裡的動物有多麼重要。艾希特大學的史蒂夫·辛普森（Steve Simpson）專門研究這些珊瑚礁動物。他設計了一組具有四個定向水中聽音器（hydrophone）的水下工具箱，可以記錄聲音並得知音源。

「聽著環繞周遭的聲音，我們就可以了解是誰在發出聲音，以及出聲的原因。牠們是要讓彼此留下印象，還是要把什麼東西嚇跑呢？我們才剛開始掌握

■ 水中的巨人（右）
一隻藍鯨在科提茲海浮上海面。

★1 露脊鯨在英語中被稱為「right whale」，因為捕鯨人認為他們要捉的「正是這種鯨」（the right whales to catch）。

「我們現在才意識到，珊瑚礁魚類的幼魚會聆聽珊瑚礁的聲音，再選擇要以哪座珊瑚礁為家。然而，我們在海裡製造了那麼多的噪音，你實在會納悶，這些魚兒到底有沒有辦法聽到珊瑚礁。」——海洋生物學家 史蒂夫·辛普森

這些水下語言而已。」

辛普森研究過的動物中，聲音最豐富的是小丑魚（見110頁）。他的海底實驗用了一隻七星斑模型，七星斑是小丑魚的掠食者。辛普森錄到了一種嗡嗡聲，是佔優勢的雌小丑魚為了警告潛在攻擊者而發出的聲音。然而，每當船隻經過，這個溝通頻道就會被淹沒，讓魚兒聽不到聲音。

■ 四聲道聽音器（上）
　史蒂夫·辛普森正在調整他的四聲道聽音器。

「試著想想在那周圍活動的船隻，以及離岸鑽井等各式各樣我們在海裡製造的聲音，你就會意識到我們究竟淹沒了多少大自然的聲音。這是在掠奪動物相互交談的能力。」

用於海上石油探勘的地震氣槍

（seismic air gun）尤其具有破壞性，它發出的聲音可以被數公里以外的海洋動物聽到，因為聲音（特別是低頻）在海洋中傳播的速度比在空氣中快很多。一般認為，諾大的爆破聲會對鯨魚和海豚等動物造成壓力，也會損害諸多動物的聽覺，如鱈魚、黑線鱈、海鱸、金鯛、藍鰭鮪、魷魚、龍蝦，與褐蝦等等；經由科學家研究並確認受到我們噪音干擾的物種有五十五種，以上這些只不過是其中少數。

用來偵測潛水艇的聲納系統同樣也會造成海洋動物逐漸衰弱，研究人員已在數例擱淺的海豚與鯨魚身上，發現因聽力受損造成的傷害。然後，還有各式的日常聲音：主要航道上的巨大引擎聲聽起來就如同你坐在機場跑道感受到的轟鳴聲。根據聖安德魯斯大學的研究，生活在航道附近的海豹暴露在大量噪音之下，可能會發生暫時性聽力喪失的狀況。史蒂夫也發現，即使只是小船和水上摩托車的聲音，也會影響到珊瑚礁魚類的幼魚，讓牠們找不到適當的定居地點（見128頁）。

「我們現在才意識到，珊瑚礁魚類的幼魚會聆聽珊瑚礁的聲音，再選擇要以哪座珊瑚礁為家。然而，我們在海裡製造了那麼多的噪音，你實在會納悶，這些魚兒到底有沒有辦法聽到珊瑚礁。世界上有些地方，當你將水中聽音器放下水，你聽到的只有人類活動的聲音。這對動物是個大挑戰，像是那些利用聲音來導航、尋找適合定居的珊瑚礁，或是用聲音溝通的動物，都會因此受到影響。

「海洋裡的噪音是個嚴重的問題，不過我們確實可以做些努力。我們可以選擇在何時、何處製造噪音。如果我們知道會遇上動物遷徙，就可以試著調整航道。如果我們知道幼魚會在哪幾天的夜晚尋找珊瑚礁定居，就可以劃出一個安靜保護區，不要讓船隻在那幾天的晚上行駛。我們可以直接減少我們製造的噪音，並且應該馬上開始行動。」

其中一個簡單且極具吸引力的解決方案，就是將噪音最大的船隻處理掉。溫哥華港的水下聲音監測是「提升鯨類棲息地既觀察計畫」（Enhancing Cetacean Habitat and Observation, ECHO）的一部分，根據監測結果，噪音強度前百分之十的船，就製造了全部噪音的一半，它們大部分都是老舊船隻。港務局因此推出改變措施，提供符合降噪標準的船舶較優惠的船塢使用費，每艘船每次停靠可節省百分之四十七的費用。這是世界上第一個實施此類計畫的港口。

眼不見為淨

　　噪音是一種汙染，雖然我們講到汙染的時候，想到的通常是工業與農業的有害化學物質進入自然環境，或是未經處理的家庭廢水直接排放至海中。我們在一九六○年代開始意識到汙染問題，由於瑞秋‧卡森（Rachel Carson）所寫的《寂靜的春天》，以及跟她同樣憂心的科學家的緣故，我們才注意到了DDT殺蟲劑的問題。我們警覺到汙染物的潛在危害，持久性化學物質會在食

■ **健康恐慌**（底圖）
　一小群瓶鼻海豚在佛羅里達沿岸浮上水面。已經有許多幼海豚因為汞中毒而喪命。

物鏈層層累積，最終毒害頂級掠食者，包括我們在內。世上有些地方，尤其是北極，有害化學物質的累積現象非常嚴重，以至於一些受影響的海洋動物如北極熊和白鯨，甚至可以被打上「有害廢物」的標籤。這個問題就和化學物質本身一樣歷久不衰。

數世紀之前，我們的祖先開始有意無意地將汙染物倒入海中，天真地以為只要看不到就不用管。時至今日，有些汙染物回來了，成為我們的夢魘。舉例來說，從一九七〇年代禁用的化學物質，竟然出現在海底最深的馬里亞納海溝與克馬德克海溝的端足類動物身上。新堡大學的科學家分析了這些端足類的脂肪組織，發現含有多氯聯苯（PCB）與多溴聯苯醚（PBDE）等有毒化學物質，而且含量出人意料地高，濃度大約和日本汙染最嚴重的駿河灣採集到的甲殼類組織相當。

PCB曾經廣泛用在電子絕緣體上，PBDE則是用來降低傢俱設備的易燃性，這些化學物質應該是隨著廢液、垃圾掩埋場洩漏，或工業事故而流入海洋。由加拿大、阿拉斯加、丹麥，與挪威的科學家進行的一項近期研究顯示，有些北極熊的體內受到PBDE汙染，造成母熊會同時發育出雌性與雄性的性器官，這個現象在格陵蘭東部與斯瓦巴群島尤其明顯。研究同時也顯示，這些化學物質會在食物鏈累積，其中一種化合物在北極熊體內的濃度比牠們獵食的海豹要高出七十一倍。

二〇一六年，科學家在英國最後一個常駐型虎鯨群的一個成員體內，發現了超高濃度的PCB。觀察員稱這隻雌虎鯨為露露，牠在蘇格蘭西岸的泰里島被沖上岸。露露體內的PCB濃度比起會造成健康損害的濃度還高出三十倍。在BBC的新聞訪談中，蘇格蘭農業學院的獸醫病理學家安德魯・布朗勞（Andrew Brownlow）博士表示，露露是「我們檢驗過體內汙染物含量最高的個體」。檢驗結果顯示，PCB造成露露不孕，由於同群其他虎鯨體內組織的PCB濃度可能與露露類似，因此最終的結果就是整群虎鯨會逐漸死亡消失。

汞是另一種帶來危害的物質。一個科學家與佛羅里達國際大學合作的研究發現，在佛羅里達礁島群，與佛羅里達大沼澤地的沿岸，瓶鼻海豚體內組織的含汞量異常地高，是有記錄以來最高的。這會影響牠們的免疫系統，讓牠們更容易患病。這些汞來自紅樹林，它們將汞轉化為有毒的甲基汞形式，然後被潮水沖入沿海水域，經過食物鏈層層吸收累積。因此，源自於燃煤電廠的汞才會在那麼遠的地方被吃下肚。

全球垃圾問題

二〇一七年一月，一隻六公尺長的柯氏喙鯨連著好幾次在挪威卑爾根附近的索特拉島擱淺。牠病得很重，救援人員試著將牠引回海中，不過在幾次失敗的嘗試以後，獸醫被迫替這隻虛弱消瘦的動物施以安樂死。等到他們進行驗屍檢查的時候，所有人都被嚇到了。他們在這隻鯨魚的胃部發現大約三十個大塑膠袋，還有許多裝麵包的小塑膠袋、巧克力棒包裝紙與其他的人類垃圾。根據科學家的說法，由於腸道被塑膠袋和其他垃圾阻塞，這隻鯨魚長久以來應該處於極大痛苦之中。牠通常以魷魚為食，可能是把這些袋子誤認為食物了。這是一個令人毛骨悚然的警示，海洋與所有海洋生命都面臨來自人類的新威脅——因為垃圾而造成的死亡，尤其是塑膠垃圾。

■ **塑膠垃圾量**（上）
在柯氏喙鯨的胃部找出的部分塑膠袋。

■ **受害者**（下）
這隻柯氏喙鯨最後被施以安樂死。

人們常說，垃圾是現代的詛咒。我們這個「拋棄型社會」製造的大部分垃圾會抵達掩埋場，不過並非全部。數百萬噸垃圾最後會落入海裡，在海洋部分區域，例如南韓外海，每平方公里就有一百億個垃圾。這無可避免地會對海洋生物帶來衝擊。

全球海廢研究資料庫（LITTER BASE）彙集了一九六〇至二〇一七年

的一千兩百六十七份科學研究報告，發現有一千兩百八十六種海洋物種（持續增加中）會與海洋垃圾互動，尤其是海鳥、魚類、甲殼類，與哺乳類。受影響的動物中，約百分之三十四有食用垃圾的情形，百分之三十一生活在垃圾之中、之上或之下，以及百分之三十會被垃圾困住或纏繞。他們也透露，將近百分之七十的海洋垃圾都是塑膠。

全球海洋都有塑膠垃圾，洋流與地面風讓垃圾在全球海洋裡漂流。密度高的會沉到海床；密度較低的則會被沉降流拉入深海。漂浮的塑膠垃圾會集中在海洋環流（見210頁），或是堆積在封閉型的海灣與大洋裡。有些垃圾會被沖到海灘上，就連世界上最偏遠的地方也無法倖免。

亨德孫島屬於南太平洋的皮特凱恩群島，世界上最偏遠的海灘想必就在這座無人島了。離亨德孫島最近的主要陸塊有五千公里，這裡應該是地球上為數不多的不太受人類影響的地方。然而，塔斯馬尼亞大學的研究人員發現，從海上沖刷到該島沙灘的垃圾中，有百分之九十八‧九並非天然物（棕櫚葉與漂流物等），而是塑膠。在這裡，每平方公尺的海灘表面就有六百七十二件塑膠垃圾，而海灘下十公分深的地方，每平方公尺埋的垃圾可高達四千四百九十七件。科學家估計，沖刷到該島的垃圾約有三千七百七十萬件，重量約為十七‧六噸。

野生動物可能誤將這些塑膠當成食物吃下肚，因而造成非常大的痛苦。塑膠袋與較大的塑膠塊造成鯨魚、海龜，與信天翁等鳥類的消化道阻塞，或者因為親鳥誤將塑膠餵食給幼雛，造成幼雛死亡。露西‧昆恩長期在南喬治亞群島的一個偏遠島嶼——鳥島監測信天翁幼雛（見219頁），就發現了這樣的情形。

「我們自產卵的那一刻就開始追蹤幼雛，一直到牠們離巢，對漂泊信天翁來說，這段時間大概為期一年。我們自一九五〇年代開始就在這裡替這些鳥上標記，因此能夠追蹤牠們一輩子的生活。」

漂泊信天翁大部分時間都在海上翱翔，因此要研究牠們並不容易。然而，牠們餵食給幼雛的食物卻是一個清楚的指標，讓我們了解牠們到底在離巢期間找到了些什麼。

「信天翁能夠反芻無法消化的食物，我們可以從反芻物瞭解牠們吃了些什麼。健康的幼雛吃的應該是魷魚和魚類等食物，因此我們應該會在反芻物裡面找到魷魚喙和魚骨之類的。不過從上一季開始，這些鳥兒反芻的都是瓶蓋、包裝材料、塑膠手套和大塊塑膠，有隻鳥甚至吃下了一顆完整的燈泡！」

塑膠湯

塑膠通常會被太陽的紫外線與海浪作用分解成更小的微粒,海洋中有百分之九十二的塑膠比米粒還小。這些塑膠微粒會從最底端進入食物鏈。在普利茅斯海洋實驗室,科學家拍攝的影片顯示,浮游動物攝取的食物不只有常見的浮游植物,也包括小塑膠片在內。一般認為,這些小動物能夠分辨浮游植物中不同類型的藻類,然而,如果塑膠微粒和藻類的大小差不多,浮游動物就會誤將塑膠當成食物。在一些情況下,塑膠會在幾小時內被排出,不過有些也會留在浮游動物體內好幾天,造成腸道阻塞,使得這些小動物無法正常進食——和挪威的柯氏喙鯨問題一模一樣,只不過是縮小版的。

另一種的微型塑膠包括汽車輪胎磨損下來的微粒,以及合成織物受清洗磨損的纖維;還有約百分之二是來自化妝品的塑膠微珠。總而言之,這些微塑膠(microplastics)約佔每年八百萬噸海洋塑膠垃圾的三分之一,以及全球各地沖上岸的人造垃圾的百分之八十五。

舉例來說,合成刷毛外套每次清洗都會損失一‧七公克的微纖維,或者,每公克衣物會損失四千五百條纖維。而且,老舊外套的損失會比新外套

■ **垃圾掩埋場**(上)
在中途島環礁國家野生動物保護區裡,圍繞著黑背信天翁的是各種塑膠垃圾,以及被海嘯沖上岸的碎屑。

多出兩倍。約有百分之四十的纖維會透過汙水處理廠進入海洋,而這些合成纖維並不像天然纖維可以行生物降解(biodegrade)。

合成纖維體積小,表示很容易被海洋動物吃下肚,並且就跟許多汙染物一樣會累積在食物鏈中。經證實,吃下微纖維的動物進食量會減少,隨著時間也會出現生長遲緩的現象。這些纖維也會將毒素帶入食物鏈中,和廢水中的有害化學汙染物如殺蟲劑、PCB,與阻燃劑等結合;另外,纖維本身經常受到化學物質包覆,因此具有防水性。這些毒物都會聚積在動物組織中。目前仍不清楚,食用受塑膠微纖維汙染的海鮮是否

會危害人體健康，不過無論如何我們都無法擺脫這個問題：人類位於食物鏈頂端，我們捕捉的魚貝類都是以吃下纖維的浮游動物為食。

　　加州大學戴維斯分校與印尼的哈桑丁大學科學家分別研究了印尼及加州的海鮮，發現印尼地區漁獲中最主要的汙染物是塑膠微粒而非微纖維，所佔比例達百分之二十八；而加州漁獲相反，塑膠微纖維佔了百分之二十五。一般認為，這種差異是因為印尼的洗衣機比較不普遍，以及高性能織物如刷毛絨在印尼比較少見。然而，這份《自然》期刊研究的作者群有意突顯的，在於這是第一次在人類食用的漁獲中找到這些纖維，因而也對人體健康產生更多的顧慮。

　　這些汙染物對人類可能會造成什麼影響，可以從沙拉索塔沿岸的瓶鼻海豚身上看出些端倪。在這裡，新生海豚的死亡率非常高。科學家推測原因是母海豚的乳汁受塑膠微粒汙染，這些塑膠微粒上面有PCB等有毒化學物質附著。母海豚吃的魚體內有塑膠微粒，而這些魚最後都進了我們的肚子。

　　更甚於此，地質學家在夏威夷大島的卡米羅海灘發現一種異常的岩石類型。它是由火山岩、海灘沙、貝殼、珊瑚……以及塑膠組成！可能是塑膠受熱熔化形成（因海灘烤肉或是火山熔岩），受熱的塑膠將其他天然物質黏合在一起。地質學家將這種岩石稱為「膠礫岩」（plastiglomerate）。如果這種新生成的石頭一直保持完好無損，並被埋藏到海底，它就會在地質記錄留下一個「人類曾在這裡」的標記——人類世最早的岩石。

■ 新岩石（下）
在夏威夷海灘上找到的一塊「膠礫岩」。

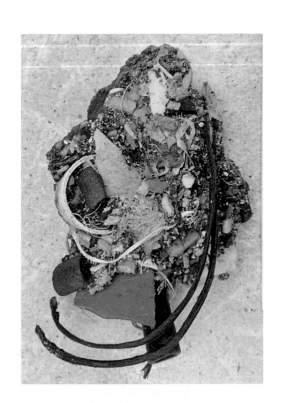

水母崛起

投身海洋議題的人，首先要面對的環境問題是過度捕撈。目前，超過百分之三十的全球漁獲是屬於生物不永續的層級，不過第二次世界大戰結束那時沒人關心這個議題。魚市場裡總是有豐富的產品，漁獲源源不斷。

最早的警訊來自一九九二年大西洋西北部紐芬蘭大淺灘的鱈魚漁業崩盤，以及禁捕令的頒布。過去五百年來，加拿大東岸紐芬蘭的漁民聚落一直倚賴鱈魚維生，也一直以維持永續的方式捕魚，不過在一九五〇年代，新的捕魚技術造成了過量捕撈，鱈魚漁獲曾在一九七〇年代出現部分崩盤。到了一九九〇年代，已經沒有什麼鱈魚可以捉了。雖然捕魚業還沒有完全敗落，來自四百多個沿岸社區的三萬五千名漁民與魚類加工工人，已經面臨即刻失業的景況。

鱈魚從食物鏈中消失，造成其他生物增殖，尤其是雪蟹和北極蝦。現在，以這些無脊椎動物為目標的漁業，在經濟上剛好取代了原本的鱈魚漁業。儘管如此，只要捕蝦業持續，鱈魚數量就不可能大幅恢復，因為大部分的鱈魚稚魚早在長到商品魚大小之前，就被捕蝦業的細目拖網捕獲了。這是個惡性循環。

世界上有些地方，過度捕撈還造成了其他更糟糕的生態變化。這裡指的是水母潮，水母數量多到會對所有倖存魚群造成威脅的程度。牠們會爭奪食物、吞食魚卵和幼蟲，並殺死成魚，還能在魚類無法生存的低氧環境存活。水母會堵塞沿岸發電廠的冷卻水進水口，以及破壞鹹水養魚場，還會導致海水浴場關門大吉。

在納米比亞海岸，魚類的過度捕撈已經導致水母的生物量比魚類高出許多。在日本外海，有如怪物的越前水母可以長到兩公尺，牠們的數量之多，曾有大型拖網漁船誤捕到一整群，在收網時造成漁船翻覆，船員還得倚靠其他漁船救援。這麼看來，無脊椎動物已經處於優勢地位，而且不只是水母而已。

章魚、魷魚和烏賊族群也有增長，至少科學家認為如此。大海實在太廣闊，讓人很難正確估計，因為我們得依據捕捉到的頭足類數量來計算，而捕獲量並不必然反映出牠們的族群數量。這也是鱈魚與鯡魚過度捕撈背後的一個因素——統計數據不全。然而，在阿德雷德大學，海洋生物學家檢驗了三十二項科學調查，以及無數的漁業記錄（包括那些難以取得的數據），集結成六十年的可靠資料，並從中觀察到一個趨勢。

頭足類自一九五〇年代就開始大量

■ **巨型水母**（上）
　一大群巨大的越前水母在日本外海被漁網抓住。

增殖，原因很難確定，不過時間幅度比正常海洋週期來得長，因此必然與人類有關。捕捉以魷魚、章魚為食的魚類，或是與牠們競爭食物的魚類，就會讓食物鏈產生缺口，這些頭足類就得以趁虛而入。再來，海水暖化會加快頭足類的發育，族群因此生長更快，而且頭足類的壽命短，便容易適應變化。數量增長表示食物消耗增加，於是就會開始淘汰殘存的魚類。

　　即使如此，科學家指出，頭足類並不會征服世界，因為有其他因素限制頭足類的發展。一方面，生命週期較短，意味著個體會錯過年度繁殖群集。另一方面，人類也會捕捉魷魚和章魚，且大部分頭足類都有以同類為食的親戚。總是會有某種形式的競爭來維持事物運作。就如一位海洋生物學家所言：「我不知道是我們會先吃掉牠們，還是牠們會先自相殘殺。」

保衛鯊魚公路

　　鯊魚，就如同牠們的硬骨魚表親，也是過度捕撈的受害者。科學家估計，每年被捕捉的鯊魚數量高達一億隻，主要都是為了牠們的鰭，也就是魚翅湯的主要原料。有些鯊魚鰭是被活生生切掉的，然後身體被丟回海裡，慢慢且痛苦地死去。然而，光是停止魚翅貿易與進行鯊魚保育，並不必然是問題的解答。我們也不能忽略生態系中的其他物種（見121頁），還有一點至關重要：必須保護牠們前往各個目的地；畢竟，許多種鯊魚都是遠距離旅行者。牠們在開化國家的領海受到保護，但是一到開闊大洋，誰都不能保證會發生什麼事。

　　過去二十年來都在研究鯨鯊的生物學家喬納森·格林（Jonathan Green）對鯊魚的未來並不樂觀：「如果捕魚業，尤其是對鯊魚鰭的需求，一直維持在今天的水準，那麼五十到一百年以後，地球上絕對不可能有任何鯊魚存活。」

　　本書第五章介紹的就是喬納森在加拉巴哥群島的研究，不過他也先行承認，儘管努力了這麼久，我們對於鯨鯊的所知仍然非常有限，尤其不清楚牠們的族群數量。

　　「我們完全不知道全球鯨鯊族群到底有多少。我們知道牠們可能受到大規模捕捉，每年可能有成千上萬隻受到捕殺。倘若果真如此，我們實在不知道牠們能繼續承受這種捕魚壓力多久。」

　　保護牠們絕非易事。「鯨鯊會旅行至世界各地，牠們也許會從一個大洋游到另一個大洋。印度洋、大西洋，與太平洋的鯨鯊族群之間是彼此相連的，不過因為海洋如此遼闊，我們不可能輕易就說出保護整個海平面這種話，只能選擇特定區域，例如海洋公園、海洋保護區，以及更重要的海洋通道（marine

■ 回家的燈塔（上）
加拉巴哥群島的達爾文拱，是受到許多種鯊魚青睞的地點。

corridor）。

將這些保護區與海洋通道連接起來，是幫助鯨鯊這類遷徙動物的一種方法，不過科學家得先找到熱點。經過多年的衛星標記與追蹤，喬納森相信他已經找到一個對鯨鯊非常重要的熱點。

「我們有橫跨數月的數據顯示，在這期間牠們游了數千公里，橫跨海洋，有些會前往太平洋上一個很小的地點——加拉巴哥群島的達爾文拱。

「每一季，在達爾文拱這個區域露臉的鯨鯊超過一千隻，這只是保守估計。這些鯨鯊很有可能旅行了大半個地球，才抵達這個太平洋上的一塊小岩石。我們搜集的所有證據與數據，對保護加拉巴哥群島這類地區來說十分關鍵，不只如此，也對相連其他熱點的海洋通道非常重要。」

多數動物都不喜歡熱

然而，如果我們不設法解決一種在現代對人類與地球上所有生物都有著深遠影響的化學物質，那麼即使保護了熱點與海洋通道也是無濟於事。這指的就是二氧化碳，而我們與二氧化碳的關係並不太好。

一方面，對所有行光合作用的生物而言，無論是青草、巨型紅杉或浮游植物，二氧化碳都是不可或缺的。由於這些生物全都處於各自食物鏈的底層，所以地球上的其他生命也都必須依賴二氧化碳才能生存。另一方面，太多二氧化碳並不是件好事，地球現在面臨的一個最大問題就是我們製造了太多二氧化碳。

目前，每年排放到大氣層的二氧化碳約有三百六十四億噸，這比地球過去數百萬年來的速度都快得多，這主要是因為我們對化石燃料的依賴──煤炭、石油，與天然氣。它們來自於有機物質的分解，例如古代動植物遺骸。當它們在汽車、卡車的內燃機或是工廠、發電廠燃燒時，就會釋出二氧化碳這種「溫室氣體」（greenhouse gas）。溫室氣體會吸收大氣層裡的熱能，就如同溫室的玻璃。這會導致什麼結果並不難理解：大氣溫度上升。

■ **水，都是水⋯⋯**（上）
因為北大西洋暖流的緣故，斯瓦巴群島的冰山與浮冰是非常珍貴的休息地（即使是在二月）。現在，由於全球暖化，又變得更稀有了。

■ **冰上避難所**（左下）
夏季，北極熊媽媽與小熊在加拿大巴芬島外海的大冰山上。

根據世界氣象組織（World Meteorological Organization, WMO）蒐集的八十個國家氣象機構數據顯示，二〇一六年是有史以來最熱的一年。在這十二個月裡，大氣層的二氧化碳濃度上升到一個新高度，溫暖潮濕的空氣吹向北極，造成大氣環流模式改變；北極地區的冬季海冰量創下新低，全球海平面上升到新高，以及全球海水的升溫更是有記錄以來最高。這些「極端和不尋常」的趨勢一直持續到二〇一七年。

這並非一次性事件。WMO同時也透露，自有記錄以來，最熱的五年全都出現在二〇一一年以後，他們也指出，氣溫上升與人類活動有密切的關係，尤其是化石燃料的燃燒。這一點讓WMO的世界氣候研究計畫總監表示：「我們已經進入了真正未知的領域。」

鬼礁

在庫克鎮東北方九十公里，澳洲大堡礁北部的蜥蜴島，亞歷山大·韋爾正與他的夥伴七星斑及章魚一同潛水。他卓越的研究成果（見14頁）使人振奮，不過，隨後發生的事件馬上潑了一桶冷水。某次他潛完水從珊瑚礁上來時，注意到水溫比平常高了幾度，而那是春初時節，溫暖海水不應該這麼早出現。

「這裡的狀況，」亞歷山大解釋道，「是水溫比正常情形溫暖了許多，表示生活在珊瑚礁的藻類會開始製造有毒化學物質，接著珊瑚會忍受不了體內的藻類，必須把它們排出。藻類透過光合作用提供珊瑚養分，珊瑚的顏色就是來自藻類。因此，缺少藻類的珊瑚顏色慢慢變淡，直到完全變白；珊瑚白化以後還是可以存活幾個禮拜，但如果高水溫持續下去，珊瑚最後就會餓死。」

這種事情並不尋常，它和聖嬰現象有關，聖嬰現象是指太平洋氣候循環的溫暖期，會對全球氣候系統造成衝擊。在某些地方，聖嬰現象加上氣候暖化，使得二〇一五與二〇一六年的氣溫與海水溫度雙雙達到新高。

大堡礁經歷了有史以來最嚴重的珊瑚白化事件。蜥蜴島水域約有百分之九十的軸孔珊瑚死亡，非常可怕。這對珊瑚礁是非常大的打擊。珊瑚礁保護著數千種不同的生物，如果沒有棲息在珊瑚礁的魚類，石斑魚和章魚也會隨之死亡。

「看到自己從小就在潛水的地方變成廢墟，真的很糟糕。這實在太可怕了。看到白化造成的破壞時，我在面罩裡哭了出來，我好遺憾。」

發生這次災難性事件之後，二〇一七年初進行的大堡礁調查顯示，這裡再次經歷嚴重白化事件，珊瑚連續第二年因海水溫度升高而白化，這也是大堡礁多數區域首度在相隔不到十二個月的時間內，兩次受到打擊。同樣情形也出現在許多熱帶地區的珊瑚礁。與邁阿密大學合作的國際海洋學家團隊做出一項預測，並發表在《科學報導》期刊（Scientific Reports），他們指出，世界上百分之九十九的熱帶珊瑚礁，都會在二十一世紀經歷嚴重的白化事件。

因此，珊瑚礁的前景並不樂觀，尤其是大堡礁地區。對它們來說，氣候變遷並不是未來的威脅，而是此時此刻正在發生的事情。而且，海溫上升只是故事的一部分而已。

「看到自己從小就在潛水的地方變成廢墟，真的很糟糕。這實在太可怕了。看到白化造成的破壞時，我在面罩裡哭了出來。」——海洋生物學家 亞歷山大‧韋爾

酸海

二氧化碳正在改變海洋的化學成分。排放到大氣的二氧化碳裡約有三分之一會直接被海洋吸收，與海水產生反應，形成弱酸。在工業時代之前，溶解於河水的化學物質被沖入海洋，可以中和酸性，不過現在我們製造的二氧化碳太多、太快，河流完全跟不上。這也就表示，隨著大氣中的二氧化碳含量增加，海洋酸度也會增加：先是地表水，然後，經過混合便沉降到深海。

這裡涉及的數字看起來很小。在工業革命之前，海洋的酸鹼度為八·二（中性為七），稍偏鹼性。現在，海洋酸鹼度約為八·一，並持續下降中，然而，這個下降程度實際上代表酸度在兩百年間增加了百分之二十五。根據預測，到本世紀末，海洋酸鹼度可能還會下降〇·五；同樣程度的自然變化可能要耗費幾萬年，才能讓海洋生物有時間適應。邁阿密大學的克里斯·蘭登（Chris Langdon）教授一直在研究這個令人擔憂的趨勢。

「軟體動物的貝殼成分為碳酸鈣，酸會造成碳酸鈣溶解，隨之而來的就是貝殼會縮小，並漸漸消失。同理也適用於珊瑚。珊瑚礁的整體架構也是由碳酸鈣構成，與貝殼同材質。隨著碳酸鈣溶解，珊瑚礁內與礁石上所有生物賴以為生的家園也會慢慢消失。」

蘭登教授和他的同事預期，這個情形應該會在遙遠的將來觀察到——並不是現在。

「佛羅里達珊瑚礁的北側區域已經開始溶解，這是個驚人發現，因為我們原本認為這應該要到本世紀末才會發生。」

為了洞悉在遙遠的將來會發生什麼事，芝加哥大學的研究人員一直在研究華盛頓州海岸的貽貝貝殼。這裡的海水很特別，與海岸平行的風由於全球暖化而吹得更強，因此湧升流將更多的深海海水與養分帶到海面。這裡的深海海水有點像是在死胡同裡，聚積了很多二氧化碳，而且底層的流通並不好，因此酸性也比其他地方的海水來得高；這意味著沿岸海水的酸性也比較高。研究顯示，酸鹼度下降對貽貝貝殼帶來了顯著影響。而且我們測得出這種影響。

在博物館裡面，收藏了美國原住民一千年前左右採集的貝殼，厚度大約比現在的貝殼高出百分之二十八。雖然原因並不是當今大氣二氧化碳含量升高所導致的海水酸化，它也確實讓人有個概念，了解到其他地方在未來可能會發生什麼事。

「海洋酸化對任何有殼動物來說都

是個災難，」蘭登教授表示，「而且隨著貝類開始消失，倚賴貝類為食的動物如魚類、海豹與人類等，也會受到非常大的衝擊。」

大部分的生命對酸鹼度的改變都非常敏感，哪怕只是極小的變化。舉例來說，人類血液的酸鹼度一般在七‧三五至七‧四五之間，只要降低〇‧二或〇‧三，就可能造成昏迷，甚至死亡。在大海中，這表示有些海洋生物將無法呼吸、繁殖，或生長。上一次海洋大規模的酸鹼度變化，發生在約五千五百萬年前，許多海洋生物都因此消失。而距今約二‧五億年前，劇烈火山活動和其他因素一起造成了海洋的嚴重酸化，當時有百分之九十的海洋物種滅絕——也就是所謂的「大滅絕」（the Great Dying）。現在，這起史前時期的事件可能重演，而罪魁禍首是誰，無庸置疑。

「有絕對證據顯示，正在導致海洋酸化的二氧化碳是人為的，」蘭登教授表示，「化石燃料的同位素成分可說是獨特的化學指紋，和大氣中的其他二氧化碳完全不同；因此我們知道，水裡與大氣的二氧化碳並非來自大自然，而是來自化石燃料。」

前景也許黯淡，不過我們還有希望。「這樣的未來不一定會發生，這完全取決於我們。人類必須減少二氧化碳排放，必須改用可再生燃料——以風力與太陽能來替代化石燃料。災難是可以避免的。」

不過，酸化並非二氧化碳濃度上升所造成的唯一災難。

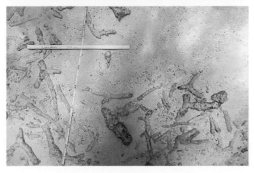

■ **酸性攻擊**（上）
邁阿密大學的照片顯示，酸度越來越高的海水正在溶解佛羅里達礁島群的凱里斯堡礁（Carysfort Reef）的石灰岩結構。

水岸危機

世界上約有百分之四十人口居住
在離海岸一百公里以內的地方,而且
人數越來越多。哥倫比亞大學的氣候系
統研究中心計算出,從現在到二〇二五
年,住在離岸安全距離的人口中,有百
分之三十五會進到危險區,海岸線的負
擔因此增加。如果海平面上升,將會導
致二十七・五億人口的商業行為與住家
暴露在洪水和風暴的危險中——可怕的
是,海平面真的在上升!目前,海平面
的上升速度比過去三千年來快了許多。

其中一個熱點在太平洋西側,靠近關島
及那裡的跳彈鰕。在那兒,海平面二十
年內上升了十五公分;世界上其他地方
在接下來的幾十年內,也可能會達到這
個速度。

利物浦國家海洋研究中心的一項研
究顯示,二〇四〇至二〇五〇年間,全
球溫度會比前工業時期高出攝氏兩度
(截至二〇一六年已經高了一・一度),

海平面則是會平均上升二十公分。這是以一八八〇年為基準，當時的海平面就已經上升了二十公分。然而，百分之九十的沿岸地區將會出現比平均還高的海平面上升幅度，像是北美大西洋海岸就可能會達到四十公分。上升程度不一是因為海洋動力學，以及水體分配的重力變化所致。更甚於此，如果氣候暖化高於攝氏兩度這個門檻，問題就會變得更嚴重。

假如暖化持續，全球溫度上升了攝氏五度，那麼到二一〇〇年，海平面平均就會上升一公尺，甚至兩公尺；同樣地，全球各地的情況不一。許多的城市，例如紐約與邁阿密，以及一些小島國，海平面可能會上升一至一·八公尺。這個預測模型還會不斷地上修。

這個情形還會導致一項副作用，就是我們對待海岸的方式。海岸正不斷受到擠壓，一方面是持續上升的海平面，另一方面是為了保護低窪地區而增加的海防建設；結果導致了海岸變硬、變高。因此，海岸變化的速度比海洋其他地方快了許多，海岸的野生動物棲息地折損也最嚴重。

沿海棲息地的重要性被嚴重低估。一般情況下，沿海地區只被看作適合開墾、發展的地方，而不會被當成自然地區。例如，過去二十年間，中國失去了百分之七十的沿海棲息地（泥灘等等），這些土地被開發為建設與水產養殖。這些沿海棲息地是重要的生態區域，它們的消失意味著海洋生物少了育幼場，水質也會變差，候鳥則失去了覓食地。至於沒有受到海防或開發影響的其他沿岸地區，其潮間帶則是面臨新的動向：隨著海平面升高，潮間帶會往內陸移動，並讓「滿潮」有了全新的意義。

還不只是如此。這些事情都不可能和電燈一樣可以隨手關掉。根據麻省理工學院和加拿大西蒙弗雷澤大學的一項研究，就算我們明天就停止排放人造二氧化碳，其影響也不會馬上消失；事實上，在情況恢復之前，這些影響都會持續地累積一段時間。研究顯示，因海水受熱膨脹而導致的海平面上升，時間幅度遠遠超過溫室氣體如二氧化碳在大氣層中存在的時間。這意味著，即使我們能馬上抑制化石燃料的燃燒，人為二氧化碳排放所造成的海平面上升仍然會持續數世紀之久。有些模型預測，我們至今的所作所為已經可以讓海平面在接下來數百年內上升三公尺。

終於有好消息……

　　許多的海洋環境正在急遽惡化，雖然這讓人十分沮喪，不過事情並不一定會如此發展。我們只需要少數意志堅強的人來幫忙促成改變，而且，有時候小事情反而會有最大的影響力。在十九世紀末與二十世紀初，美國太平洋海岸的蒙特里灣是個災難區，獵人把大部分海獺和游經此處的灰鯨屠殺殆盡。隨著海獺消失，鮑魚繁盛了起來，不過隨之興起的貝類產業卻在之後的十五年，因過度捕撈而突然衰退、消失。接著輪到了沙丁魚，沙丁魚罐頭廠排放大量廢水到海灣裡，使之成了工業廢水坑；到一九四五年約翰‧史坦貝克（John Steinbeck）出版《罐頭廠街》時，沙丁魚漁業也已經因為過度捕撈與洋流改變而崩潰了。當時的蒙特里灣已病入膏肓，但是今天卻恢復成了未受汙染的海洋環境，有著巨藻林、魚類、海鳥、海獺、港海豹、海豚、象鼻海豹繁殖的海灘，還有虎鯨、遷徙的灰鯨，與大翅鯨。這個轉變有部分原因來自於一位在一八九九年搬到該地區的年輕女性，她堅定的性格促成了這樣的變化。

　　茱莉亞‧普拉特（Julia Platt）是在德國弗萊堡大學取得海洋動物學的博士學位，因為當時的美國大學並不讓女性攻讀這類學位。即使如此，她還是無法在美國從事她想要的職業，所以最後她選擇在當地從政。在《蒙特里灣的生與死》[1] 一書中，作者史蒂芬‧巴倫比（Stephen Palumbi）與卡洛琳‧索卡（Carolyn Sotka）揭露，普拉特對人們對待蒙特里灣的方式感到非常沮喪，使得她在七十四歲高齡決定參選太平洋叢林市（Pacific Grove）的市長，也一舉獲選。她說服州長通過了一項法案，讓太平洋叢林市能管理所屬海濱與蒙特里灣的鄰近地區。太平洋叢林市是第一個、也是最後一個獲得這項權利的加州城市，普拉特在法律的支持下創設兩個海洋保護區。她幾乎獨力將這片海岸推向復原之路，改變了人們對蒙特里灣的態度，以及利用海灣的方法。隨著沙丁魚漁業的崩盤、罐頭工廠關閉，以及最重要的關鍵種——海獺（見149頁）於一九六二年的回歸，蒙特里灣再度孕育出豐富的海洋生命，牠們都受到了海洋保護區的保育。然而，普拉特本人並沒有活著看到她努力的成果：她去世於一九三五年，遠早於海灣的實際復原。

　　這片海灣在一九八四年又得到另

★1　"The Death and Life of Monterey Bay"，2010年出版。

一次助益。惠普公司的共同創辦人大衛·普克德（David Packard）在當時為蒙特里灣水族館提供了一筆初始資金，該水族館是為了紀念艾德華·里基茨（Edward Ricketts），也就是史坦貝克《罐頭廠街》裡綽號「醫生」的角色。蒙特里灣因此成了研究、保育與沉思重鎮，擺脫了過度捕撈、破壞與忽視的形象。

史坦貝克也在《科提茲海航海日誌》中寫過下加利福尼亞半島南端的普爾莫角國家公園的古老珊瑚礁。在一九五〇年代，那是個充滿生機的地方，不過到了九〇年代早期，那裡就變

■ **補給站（上）**
灰鯨又一次來到蒙特里灣，享用巨藻間的糠蝦，並繼續踏上從下加利福尼亞到北極的長途旅程。

得像是蒙特里灣，同樣面臨過度捕撈與資源匱乏的景況。這一次，卡斯特羅家族決定為大海而戰。橫跨三個世代的捕魚人做出了停止捕魚的重大決定，並成功說服當地漁業社區追隨他們的腳步，後來甚至遊說了政府保護珊瑚礁。

一九九五年，普爾莫角國家公園成立，漁民確保讓整個國家公園區域成為禁漁區。到二〇〇九年，許多種的魚類都回到了這片海域，包括鯊魚、鬼蝠魟，

■ **金黃牛鼻鱝**（上）
太平洋上一群金黃牛鼻鱝在遷徙途中游經普爾莫角國家公園。他們的翼展幅約七十公分，習慣成群沿著珊瑚礁邊緣的斷層移動。

與瀕臨絕種的喬氏喙鱸。這不是一夜之間發生的事，在十四年的保育以後，珊瑚礁的生物量增加為驚人的四·六三倍，魚群也比鄰近漁區大了五倍。這種增幅程度可謂全球之最，這都是因為當地社區的意願所致；當地居民也因遊客人數增加而獲益，而且，由於漣漪效應，珊瑚礁外的鄰近漁區也變得有更多魚可以捕捉。這是一次雙贏。

這兩個故事告訴我們的是，只要給予一點點機會，海洋就能恢復精力，就能從谷底反彈。只要降低捕魚壓力、創造不受汙染的禁漁區，我們的海洋將會開始自行復原；只要保護、並且更適當地管理全球生態系統，海洋就會恢復健康。我們在這趟海洋之旅走了很長的一段路，我們越過了開闊大洋，探索了海岸與珊瑚礁，在水下的森林、草原來回穿梭，還下潛到深海底部；而最適合為這個水下世界作結的人，非大衛·艾登堡爵士莫屬。他曾親眼目睹海洋奇蹟，因其宏偉而自感渺小，因其多樣性而興

奮不已，也通過了海洋生物足智多謀的種種試煉……但是，他也深深對海洋的未來感到不安。

「在我有生之年，海洋發生了巨大的改變。我們曾經認為理所當然的魚種已經消失，整個生態系即將毀滅。我們正處於歷史上的獨特階段，在此之前，我們從來沒有這麼深刻地體認到自己對地球做了什麼，而我們從來也沒有像現在一樣，有能力為地球做些什麼。我們當然有責任要關心我們的藍色星球。人類的未來，以至於地球上所有生命的未來，都取決在我們手中。」

■ **脆弱的城牆**（右）

印度洋的留尼旺（Réunion）珊瑚礁的落日景象。珊瑚礁保護西側海岸免受風浪侵擾，而最近設立的海洋國家公園所面臨的挑戰，就是要在珊瑚礁的健康，與新興旅遊業的需求之間取得平衡。

謝辭

首先，我們要感謝麥可‧布萊特（Michael Bright）在形塑本書時所提供的大量協助與敬業精神。

書中的這些故事，都是無數科學家、海洋生物學家、海洋學家、海底探險家與海洋研究人員的心血結晶。我們由衷感謝整個科學界，因為沒有新的科學發現，我們就沒有新故事可以說。

我們要感謝與我們合作發現動物新行為的科學家，也希望他們能順利發表研究成果。在此特別感謝我們的影集顧問卡倫‧羅伯茲博士（Callum Roberts）、亞歷克斯‧羅傑斯教授（Alex Rogers），與史蒂夫‧辛普森博士（Steve Simpson）。

還要感謝在製作影集時招待過我們的各所大學、海洋研究機構，與海洋實驗室，尤其是美國海洋生物學實驗室（Marine Biological Laboratory）、伍茲霍爾海洋研究所（Woods Hole Oceanographic Institution）、斯克里普斯海洋研究所（Scripps Institution of Oceanography）與施密特海洋研究所（Schmidt Ocean Institute），以及英國國家海洋學中心（National Oceanography Centre）。

所有海上工作都有風險。我們感謝協助維持團隊安全的每一個人，包括潛水長、潛水指揮官、潛水安全人員、船長和船員。

深海探險的後勤工作複雜且非常具有挑戰性。我們感謝達里奧海洋計畫（Dalio Ocean Initiative）與阿路西亞製片公司（Alucia Productions），和阿路西亞號及潛艇納地亞號與深海漫遊者號的船員，謝謝他們幫助並支持我們深入太平洋、大西洋與南冰洋的深海區域，另外也感謝德國瑞比克夫—尼格勒基金會（Rebikoff-Niggeler Foundation）協助我們探索亞述群島海域的深海區域。

我們非常感謝參與計畫的每一位攝影師、空拍機操作員、劇照攝影師、技術人員與編輯助理，謝謝他們捕捉了如此讓人驚豔的影像。

最後，我們也要感謝製作團隊——《藍色星球二》的諸位製作人員——在過去五年扛起如此密集且具有挑戰性的工作，讓我們能以前所未有的方式描繪出我們的海洋。

馬克‧布朗勞

詹姆斯‧杭尼波恩

科學顧問

Adrian Flynn
Alan Jamieson
Alex Rogers
Alex Schnell
Alison Kock
Andrew Thurber
Angela Ward
Angela Ziltener
Asha de Vos
Audun Rikardsen
Benoit Pirenne
Bernd Wursig
Bob 'Coop' Cooper
Brendan Godley
Bruce Robison
Callum Roberts
Carlie Wiener
Cathy Lucas
Ceri Lewis
Chandra Salgado Kent
Charles Fisher
Charlie Maule
Cherisse Du Preez
Chris Langdon
Craig Foster
Craig Smith
Cynthia Klepadlo
Daniel Fornari
Daphne Cuvelier
David Cade
David Green
David Johns
David Lusseau
Deborah Kelley
Deborah Thiele
Don R. Levitan
Douglas Syme
Edith Widder
Emily Duncan
Erik Ivins
Etienne Rastoin
Eve Jourdain
Fabio De Leo

Franklin Ariaga
Guy Stevens
Huw Griffi ths
Ivan Rodriguez
Jake Levenson
Jakob Scwendner
James Gardner
James Kerry
Jamie Craggs
Jamie Walker
Jason Fowler
Jeffrey Drazen
Jim Darling
Jochen Zaeschmar
John McCosker
Jon Copley
Jonathan Green
Jorge Fontes
Jose Lachat
Josh Stewart
Julian Finn
Kate Moran
Katrin Linse
Kerry Howell
Kim Fulton-Bennett
Kim Juniper
Kit Kovacs
Kyra Schlining
Larry Crowder
Lars Kleivane
Laurenz Thomsen
Leif Nottestad
Leopoldo Moro
Leslie Elliott
Leslie Hart
Lloyd Peck
Louise Allcock
Lucy Quinn
Luke Rendell
Malcolm McCulloch
Maria Baker
Maria Dias
Mark Belchier
Mark Eakin

Mark Erdmann
Mark Norman
Meghan Jones
Michael H Graham
Michael Rasheed
Mike Meredith
Ove Hoegh-Guldberg
Paul Sikkel
Pelayo Salinas de Leon
Phil Trathan
Randall Wells
Rich Palmer
Richard Phillips
Robert Carney
Rogelio Herra
Roger Hanlon
Roldan Munoz
Roldan Valverde
Roy L. Caldwell
Sam Burrell
Samantha Joye
Sarah Mckay-Strobel
Sergio Pucci
Shane Gero
Simon Pierce
Stephanie Bush
Steve Haddock
Steve Katz
Steve Simpson
Stuart Banks
Terry Ord
Thomas Jefferson
Tim Tinker
Timothy Shank
Tiu Similia
Tom Kwasnitschka
Tone Kristin Reiertsen
Tracey Sutton
Verena Tunnicliffe
Victor Zykov
Vidal Martin
Volker Ratmeyer
William Chadwick
William Gilly

Yannis Papastamatiou
Yvonne Sadovy

攝影組

Alex Vail
Alfredo Barroso
Andrea Casini
Andy Brandy
Casagrande IV
Barrie Britton
Blair Monk
Charlie Stoddart
Chris Bryans
Chris Sammut
Cinemacopter
Craig Foster
Dan Paris
Daniel Zatz
David Reichert
Didier Noirot
Espen Rekdal
Gail Jenkinson
Gavin Thurston
Helipov
Hugh Miller
Ivan Agerton
Jack Johnston
Janssen Powers
Jason Sturgis
João Paulo Krajewski
Joe Platko
John Aitchison
John Shier
Johnny Rogers
Jonathan Clay
Kevin Flay
Kieran Donnelly
Mark Macewan
Mark Payne-Gill
Mark Sharman
Mark Van Coller
Mateo Willis
Matt Norman
Morne Hardenberg

Nick Guy
Nuno Sa
Pascal Lorent
Patrick Dykstra
Paul Williams
Peter Nearhos
Rafa Hererro
Rene Heuzey
Richard Karoliussen
Richard Kirby
Richard Robinson
Richard Stevenson
Richard Wollocombe
Rick Rosenthal
Rob Franklin
Rob Whitworth
Rod Clarke
Roger Horrocks
Roger Munns
Shayne Thomson
Steve Hathaway
Ted Giffords
Tim Shepherd
Toby Strong
Tom Fitz
Trent Ellis
Yasushi Okumura

特別感謝
Adrian Skerrett
Advanced Imaging
and Visualization
Laboratory
Akihito Yamada
Alex Tattersall
Alexia Graba Landry
American Museum of
Natural History
Andrew Downey
Annie Murray
Arctic Rays
Ari Friedlaender
Athena Dinar
Audun Rikardsen

Aurelie Duhec
Australian Institute of
Marine Science
Australian Museum's
Lizard Island
Research Station
Bamfield Marine
Sciences Centre
Benj Youngson
Bill and Annie Weeks
Bob Cranston
Bob Lamerson
Bob Talbot
Bonnie Waycott
Brett Illingworth
British Antarctic Survey
Bryan Kilback
Buddhika Dhayarathne
California Academy of
Sciences
Callum Brown
Casey Dunn Laboratory
Ceri MacLure
Chad Tamis
Chase Weir
Chris Jones
Civil Aviation Authority
of Sri Lanka
Customised Animal
Tracking Solutions
Dan Laffoley
Daniel Copeland
Dave Blackham
David Booth
David Graham
David Sullivan
Dean Martin
Deirdre O'Driscoll
Discover Dominica
Authority
DOER
Dolphin Watch Alliance
Dominica Film Office
Doug Allan

Ecosystem Impacts of
Oil and Gas Inputs to
the Gulf
Ed McNichol
Einar Eliassen
Elizabeth White
Environs Kimberley
Errol and Marcella
Harris
Etienne Rastoin
Exposure Labs
Fabrice Jaine
Fernando Luchsinger
Frank Wirth
Franklin Arreaga
Kirsten and Joachim
Jakobsen
Fundacion Charles
Darwin
Galapagos National
Parks
Garrett Mcnamara
Geoff Lloyd
Gerald Nicholas
Gerhard Lauscher
Godfrey Merlen
Gordon Leicester
Government of South
Georgia & the South
Sandwich Islands
Grace Frank
Grande Riviere Anglican
Primary School
Great Barrier Reef
Marine Park Authority
Gregory Bogdan
Howard Hall
Huu-Ay-Aht First
Nations
Iwan Muhani
Jaap Barendrecht
James Cameron
James Leyland
Japan Underwater Films

Jason Isley
Jason Ribbink
Jason Roberts
Productions
Jemal Guerrero
Jennifer Hile
Jennifer Lee
Jim Standing, Fourth
Element
John and Jenny
Edmondson
John Ellerbrock,
Gates
John Pennekamp State
Park
John Rumney
Jonathan Watts
Jorge Leal
José Masaquisa
Josiane Dalcourt
Julian Gutt
Julian Pepperall
Jung-Goo Myoung
Justin Marshall
Kelvin Murray
Kim Juniper
Koji Nakamura
Lawson Barnes
Leah Sokolowsky
Leif Nøttestad
Leigh Marsh
Len Peters
Leon Deschamps
Leslie Elliott
Liisa Juuti
Lily Kozmian-Ledward
Lisa Kelly
Louisiana State
University
Luke English
Lyle Berzins
M/V Alucia Submersible
Team
M/V Umbra Captain and

Crew
Marine Biological
Association
Marine Institute
Marissa Fox, Executive
Director of Oceans
Forward
Mark Belchier
Mark Dalio
Marten Bril
Martin How
Mary Summerill
Masahiko Sakata
Mauricio Handler
Maya Santangelo
Michael Stadermann
Michelle Hart
Mike DeRoos
Mike Kasic
Mike McDowell
Mike Meredith
Ministry of Agriculture
and Fisheries, Fisheries
Division Dominica
Ministry of Agriculture
and Forestry, Wildlife
& Parks Division,
Dominica
Ministry of Defense of
Sri Lanka
Mohan Sandhu
Monterey Bay Aquarium
Research Institute
Nancy Black
National Oceanic
and Atmospheric
Administration
National Oceanography
Centre
Natural History Museum
Nature Trails
Neil Brock
Newcastle University
Nicholas Pedrocci

Nick Pitt, Farm Studio
Nico Ghersinich
Nicolas Pilcher
Nils Arne Saebo
Niv Froman, Manta
Trust
Norwegian Orca Survey
Nova Southeastern
University
NRK
Ocean Exploration Trust
Ocean Networks Canada
Ocean Research
and Conservation
Association
Olli Barbé
Oregon State University
Pang Quong
Paul Collins
Paul Seagrove
Paul Yancey
Peggy Stap
Pelayo Salinas de Leon
Pennsylvania State
University
Per Borre
Pete Bassett
Peter King
Peter Kraft
Phil Sammet
Plymouth University
PT Hirschfield
R/V Falkor Captain and
Crew
Ray Dalio
Redboats
Richard Bull
Richard Herrmann
Richard Phillips
Robert Pitman
Roberto Pepolas
ROPOS
Rowan Aitchison
Sally Snow

Samantha Andrzejaczek
San Francisco
University Quito
Sarah Dwyer
Schmidt Ocean
Institute
School of Chemistry,
University of Bristol
Scott Carnahan
SeaMaster Costa Rica
team
Sheila Patek
Sheree Marris
Simon George
Simon Villamar
Sina Kreicker
Sri Lanka Coast Guard
Sri Lanka Department
of Wildlife
Conservation
Sri Lanka National Film
Corporation
Sri Lanka Navy
St Luke's Primary
School, Pointe
Michel, Dominica
Stanford University
Stefan Andrews
Steve Benjamin
Sub C Imaging
Suzanne Lockhart
The Ocean Agency
Thomas Furey
Tim North
Tiu Simila
Tomas Lundalf
Tony Bramley, fixer
Tony Wu
Tore Tien
Torre Lein
University of Galway
University of Georgia
University Of Hawai'i At
Manoa

University of Miami
Rosenstiel School
of Marine and
Atmospheric Science
University of Oxford
University Of The
Azores
University of Victoria
University of Western
Australia
Vincent Pieribone
Wayne Mcfee
Woods Hole
Oceanographic
Institute
Y.Zin Kim
Yvette Oosthuizen
Zara-Louise Cowan

製作組
Sir David Attenborough
Tom McDonald
Alexandra Fennell
Chiara Minchin
Dan Beecham
Daniel Prosser
Ester de Roij
Francesca Maxwell
Jack Delf
James Taggart
Jamie Love
Jenny Foulkes
Joanna Stead
Joanna Verity
Jodie Allt
Joe Hope
Joe Stevens
Joe Treddenick
John Chambers
John Ruthven
Jonathan Smith
Joseph Fenton
Karmen Summers
Katie Hall

Katrina Steele
Marcus Coyle
Matthew Brierley
Melanie Thomas
Miles Barton
Natalie Cross
Nicole Kruysse
Orla Doherty
Rachel Butler
Saijal Patel
Sandra Forbes
Sarah Conner
Simon Cross
Sophie Morgan
Sylvia Mukasa
Will Ridgeon
Yoland Bosiger
Zeenat Shah

後製
Films at 59
Miles Hall

音樂
Bleeding Fingers
Catherine Grimes
Hans Zimmer
Jacob Shea
Jasha Klebe
Natasha Klebe
Natasha Pullin
Russell Emanuel

影片剪輯
Dave Pearce
Matt Meech
Nigel Buck
Pete Brownlee
Andrew Mort
Jack Johnston
Robin Lewis

線上編輯
Frank Ketterer

Wes Hibberd

聲音剪輯
Kate Hopkins
Tim Owens

混音
Graham Wild

色彩設計
Adam Inglis

視覺設計
BDH Creative

BBC 商業分支
Patricia Fearnley
Monica Hayes
Hayley Moore
Rebecca Hyde

索引

圖片來源

扉頁 David Fleetham/naturepl.com; 書名頁 Alex Mustard; 目錄頁 Franco Banfi; I-II Dan Beecham; IV Eric Baccega/naturepl.com; V-VI Espen Rekdal; VIII Joao Paulo Krajewski; **2** James Loudon; **3** Alex Board; **4-5** James Honeyborne

第一章 同一片大海

6-7 Michael Patrick O'Neill; **8-9** NASA; **10-1** Ken Findlay; **12** James Honeyborne; **13tl** Yoland Bosiger; **13tr** Luis Lamar; **13b** Jason Isley/Scubazoo; **14** BBC; **15** Alex Vail; **16-7** Dan Beecham; **17-8** BBC; **19** Miles Barton; **21-3** Richard Robinson; **24-7** Steven Benjamin; **28** Philip Stephen/naturepl.com; **29** Michael Schroeder/Alamy; **30-1** Francisco Leong/AFP/Getty; **32-3** Michael Patrick O'Neill; **34** Norwegian Orca Survey; **35** Tony Wu; **36-7** Audun Rikardsen; **38** Dan Beecham; **39** Espen Bergersen/naturepl.com; **40-1** Audun Rikardsen; **42-4** Jonathan Smith; **45** Ted Giffords; **46-7** Rachel Butler

第二章 海岸

48-9 Giovanni Allievi; **50** Bernard Castelein/naturepl.com; **52-5** Sergio Pucci; **56** Ingo Arndt/naturepl.com; **57** Ingo Arndt/Minden/FLPA; **58-9** Dan Beecham; **60-3** BBC; **64-5** Craig Foster; **66-7** BBC; **68-9** Miles Barton; **70-1** Joao Paulo Krajewski; **72** Miles Barton; **73** Joao Paulo Krajewski; **75-6** BBC; **77** Miles Barton; **78-9** Barrie Britton; **80** Alex Mustard/2020Vision/naturepl.com; **81** Miles Barton; **82** BBC; **83-6** Rachel Butler; **87** Richard Wollocombe; **88-9** Roy Mangersnes/naturepl.com; **90-1** Andy Rouse/naturepl.com; **92-5** Michael Patrick O'Neill

第三章 珊瑚礁

96-7 Alex Mustard; **98-9** Joao Paulo Krajewski; **100-1** Shawn Miller; **102-3** Jason Isley/scubazoo.com; **103b** Tony Wu; **104-5** Jason Isley/scubazoo.com; **106** Jonathan Smith; **107t, bl** BBC; **107br** Jonathan Smith; **108t** BBC; **108b** Yoland Bosiger; **109-11** BBC; **112-3** Jason Isley/scubazoo.com; **114** Alex Mustard; **115** Doug Perrine/naturepl.com; **117t** Reinhard Dirscherl/FLPA; **117bl** Constantinos Petrinos/naturepl.com; **117br** BBC; **118** Georgette Douwma/naturepl.com; **119** Alex Mustard; **120-1** Paul & Paveena Mckenzie/Getty; **122-3** Christophe Bailhache/XL Catlin Seaview Survey/The Ocean Agency; **124-5** Yoland Bosiger; **126-7** Auscape/Getty; **127** Peter

Harrison/OceanwideImages.com; **128-9** Gabriel Barathieu

第四章 綠色海洋

130-1 Joe Duvala/Getty; **132-3** Justin Hofman; **134** Craig Foster; **135** Simone Caprodossi; **136-7** Craig Foster; **138** Photo Researchers/FLPA; **139-42** Brandon Cole; **143** Richard Salas; **144** Justin Hofman; **145** Brandon Cole; **146** Claudio Contraras; **147** Joe Platko; **148** Simone Caprodossi; **149** Dan Beecham; **150-1** Espen Rekdal; **152-3** Justin Gilligan; **154-5** Richard Herrmann; **156-7** Yoland Bosiger; **158-9** Hugh Miller; **160-3** Justin Gilligan; **164** John Chambers; **165** Brandon Cole; **166-7** Luciano Candisani/Minden/FLPA; **168-9** Brandon Cole; **170** Juan Carlos Munoz/naturepl.com; **171** Christian Ziegler/Minden/FLPA; **172-3** Yoland Bosiger; **174-5** NASA; **176** BBC; **178-9** Joe Platko

第五章 大藍海

180-1 Brandon Cole; **182-4** Nuno Sà; **185** Brandon Cole; **186-7** BBC; **188** John Ruthven; **189** Franco Banfi; **190-1** Tony Wu; **192-3** Bertrand Loyer/Saint Thomas Productions; **194l** Mark Brownlow; **194r** Anthony Pierce/Alamy; **195** BBC; **196-7** Erick Higuera; **198-9** Brandon Cole; **200-1** Nuno Sà; **203-4** BBC; **205** Brandon Cole; **206-7** Alexander Semenov; **208-9** Visual&Written SL/Alamy; **210** Dan Clark/USFWS/SPL; **211** Sergi Garcia Frenandez/Getty; **212-3** Andrea Cassini; **213** Rafa Herrero Massieu; **214-7** Simon Pierce; **218** Chris Gomersall/naturepl.com; **219** David Tipling/naturepl.com; **220-1** Mary Summerill; **222-5** Dan Beecham

第六章 深海

226-7 Michael Aw; **231t** BBC; **231b** Alucia Productions; **232** BBC; **234-5** Alucia Productions; **236-7** Paul Nicklen/National Geographic Creative; **239tl** Peter Batson/Image Quest Marine; **239tr** Photo Researchers/FLPA; **239b** MBARI; **240** Espen Rekdal; **241** Dave Forcucci/SeaPics.com; **242** BBC Life; **243** Michael Aw/SeaPics.com; **244** MBARI; **245** Doug Perrine/SeaPics.com; **246** BBC; **247** Dr Alan Jamieson; **248-9** BBC; **251** Will Ridgeon; **252** David Wrobel; **253** Dr Alan Jamieson; **255-7** photos courtesy of the Gulf of Mexico Research Initiative ECOGIG II Consortium and the Pennsylvania State University; **258-61** Will Ridgeon;

262-5 BBC; 266 NOAA Office of Ocean Exploration and Research; 267 NOAA/Alamy; 269 The National Science Foundation, University of Washington and the Canadian Scientific Submersible Facility

第七章 我們的海洋

270-1 Brandon Cole; 272-3 Inaki Relanzon/naturepl.com; 275 Mark Carwardine/naturepl.com; 276-7 Roger Munns/Scubazoo; 278-9 Inaki Relanzon/naturepl.com; 280t Christoph Noever, University of Bergen/Norway; 280b Dr Terje Lislevand, University of Bergen/Norway; 282 Sylvain Cordier/Biosphoto/FLPA; 283 courtesy of Patricia L. Corcoran, Western University; 285 The Asahi Shimbun/Getty; 286-7 Mark Dalio; 288-9 Eric Baccega/naturepl.com; 289 Andy Rouse/naturepl.com; 290-1 WWF Australia/Alexander Vail; 293 Chris Langdon; 294 Virginie Blanquart/Getty; 297 Suzi Eszterhas/naturepl.com; 298 Bob Cranston/AnimalsAnimals; 299 Reinhard Dirscherl/FLPA; 300 Alex Board; 301 Gabriel Barathieu

書衣封面 Simon Pierce
書衣封底 Audun Rikardsen
前襯頁 Paul & Paveena Mckenzie/Getty
後襯頁 Justin Hofman

國家圖書館出版品預行編目資料

重返藍色星球：發現海洋新世界／詹姆斯・杭尼波恩 (James Honeyborne)，
馬克・布朗勞 (Mark Brownlow) 著；林潔盈譯.
── 初版. ── 臺中市：好讀，2018.07
面：公分，──（圖說歷史；53）
譯自：Blue Planet II: A New World of Hidden Depths

ISBN 978-986-178-461-8（精裝）

1. 海洋生物 2. 海洋

366.98   107007418

好讀出版

圖說歷史 53

重返藍色星球：發現海洋新世界

作　　　者／詹姆斯・杭尼波恩，馬克・布朗勞
譯　　　者／林潔盈
審　　　訂／黃興倬
總 編 輯／鄧茵茵
責任編輯／王智群
美術編輯／廖勁智
行銷企畫／劉恩綺
發 行 所／好讀出版有限公司
　　　　　台中市 407 西屯區工業 30 路 1 號
　　　　　台中市 407 西屯區大有街 13 號（編輯部）
TEL:04-23157795 FAX:04-23144188 http://howdo.morningstar.com.tw
（如對本書編輯或內容有意見，請來電或上網告訴我們）
法律顧問／陳思成律師

總 經 銷／知己圖書股份有限公司
（台北）台北市 106 大安區辛亥路一段 30 號 9 樓
TEL:02-23672044/23672047 FAX:02-23635741
（台中）台中市 407 西屯區工業 30 路 1 號
TEL:04-23595819 FAX:04-23595493
E-mail:service@morningstar.com.tw
網路書店 http://www.morningstar.com.tw
郵政劃撥：15060393
戶　　　名／知己圖書股份有限公司

印　　　刷／上好印刷股份有限公司 TEL:04-23150280
初　　　版／2018 年 7 月 1 日
定　　　價／650 元
如有破損或裝訂錯誤，請寄回台中市 407 工業區 30 路 1 號更換（好讀倉儲部收）

Published by How Do Publishing Co., Ltd.
First published by BBC Books in 2017.
Copyright © 2017 Mark Brownlow and James Honeyborne
This edition arranged with Ebury Publishing through Big Apple Agency, Inc., Labuan, Malaysia.
Traditional Chinese edition copyright © 2018 How Do Publishing Inc.
2018 Printed in Taiwan
ISBN 978-986-178-461-8

讀者回函

只要寄回本回函，就能不定時收到晨星出版集團最新電子報及相關優惠活動訊息，並有機會參加抽獎，獲得贈書。因此有電子信箱的讀者，千萬別各於寫上你的信箱地址

書名：**重返藍色星球：發現海洋新世界**

姓名：＿＿＿＿＿＿＿＿＿　性別：□男□女　生日：＿＿＿年＿＿＿月＿＿＿日

教育程度：＿＿＿＿＿＿＿＿＿＿＿＿＿＿＿

職業：□學生 □教師 □一般職員 □企業主管
　　　□家庭主婦 □自由業 □醫護 □軍警 □其他＿＿＿＿＿＿＿＿＿＿＿

電子郵件信箱（e-mail）：＿＿＿＿＿＿＿＿＿＿＿　電話：＿＿＿＿＿＿＿＿

聯絡地址：□□＿＿＿＿＿＿＿＿＿＿＿＿＿＿＿＿＿＿＿＿＿＿

你怎麼發現這本書的？

□書店 □網路書店（哪一個？）＿＿＿＿＿＿＿＿＿ □朋友推薦 □學校選書
□報章雜誌報導 □其他＿＿＿＿＿＿＿＿＿＿＿＿＿＿＿

買這本書的原因是：＿＿＿＿＿＿＿＿＿＿＿＿＿＿＿＿＿＿

□內容題材深得我心 □價格便宜 □封面與內頁設計很優 □其他＿＿＿＿＿＿＿

你對這本書還有其他意見麼？請通通告訴我們：

＿＿＿＿＿＿＿＿＿＿＿＿＿＿＿＿＿＿＿＿＿＿＿＿＿＿＿

你買過幾本好讀的書？（不包括現在這一本）

□沒買過 □1～5本 □6～10本 □11～20本 □太多了

你希望能如何得到更多好讀的出版訊息？

□常寄電子報 □網站常常更新 □常在報章雜誌上看到好讀新書消息
□我有更棒的想法＿＿＿＿＿＿＿＿＿＿＿＿＿＿＿＿＿

最後請推薦五個閱讀同好的姓名與 e-mail，讓他們也能收到好讀的近期書訊：

1.＿＿＿＿＿＿＿＿＿＿＿＿＿＿＿＿＿＿＿＿＿＿＿＿＿

2.＿＿＿＿＿＿＿＿＿＿＿＿＿＿＿＿＿＿＿＿＿＿＿＿＿

3.＿＿＿＿＿＿＿＿＿＿＿＿＿＿＿＿＿＿＿＿＿＿＿＿＿

4.＿＿＿＿＿＿＿＿＿＿＿＿＿＿＿＿＿＿＿＿＿＿＿＿＿

5.＿＿＿＿＿＿＿＿＿＿＿＿＿＿＿＿＿＿＿＿＿＿＿＿＿

我們確實接收到你對好讀的心意了，再次感謝你抽空填寫這份回函

請有空時上網或來信與我們交換意見，好讀出版有限公司編輯部同仁感謝你！

好讀的部落格：http://howdo.morningstar.com.tw

好讀的臉書粉絲團：http://www.facebook.com/howdobooks

也可直接掃描
線上讀者回函

好讀出版有限公司 編輯部收

407 臺中市西屯區何厝里大有街 13 號
電話：04-23157795-6　傳真：04-23144188

沿虛線對折

購買好讀出版書籍的方法：

一、先請你上晨星網路書店http://www.morningstar.com.tw檢索書目
　　或直接在網上購買

二、以郵政劃撥購書：帳號15060393 戶名：知己圖書股份有限公司
　　並在通信欄中註明你想買的書名與數量

三、大量訂購者可直接以客服專線洽詢，有專人為您服務：
　　客服專線：04-23595819轉230 傳真：04-23597123

四、客服信箱：service@morningstar.com.tw